U0379795

建设工程工程量清单计价编制与实例

装饰装修工程工程量清单计价编制与实例

杜贵成　主编

机 械 工 业 出 版 社

本书以《建设工程工程量清单计价规范》（GB 50500—2013）、《房屋建筑与装饰工程工程量计算规范》（GB 50854—2013）、《全国统一建筑装饰装修工程消耗量定额》（GYD 901—2002）等新规范、新标准为依据编写。内容包括概述，楼地面工程，墙、柱面工程，顶棚工程，门窗工程，油漆、涂料、裱糊工程，其他工程，拆除工程及措施项目，装饰装修工程工程量清单计价编制实例。

本书可供装饰装修工程预算人员和项目管理人员使用，也可作为高等院校装饰装修工程造价、工程管理等专业的实训教材。

图书在版编目（CIP）数据

装饰装修工程工程量清单计价编制与实例/杜贵成主编. —北京：机械工业出版社，2016.8
（建设工程工程量清单计价编制与实例）
ISBN 978-7-111-54115-8

Ⅰ.①装… Ⅱ.①杜… Ⅲ.①建筑装饰-工程造价 Ⅳ.①TU723.3

中国版本图书馆 CIP 数据核字（2016）第 146825 号

机械工业出版社（北京市百万庄大街 22 号 邮政编码 100037）
策划编辑：闫云霞 责任编辑：闫云霞 责任校对：刘秀芝
封面设计：鞠 杨 责任印制：李 洋
北京宝昌彩色印刷有限公司印刷
2016 年 8 月第 1 版第 1 次印刷
184mm×260mm·13 印张·307 千字
标准书号：ISBN 978-7-111-54115-8
定价：39.00 元

编写人员

主编 杜贵成

编委 马　妍　　王立河　　王建伟　　白雅君

　　　　张凤武　　安　宁　　孙宏梅　　刘慧燕

　　　　张开立　　李玉飞　　杨　伟　　陈宗博

　　　　赵立华　　倪　睿　　崔　卓　　董　磊

前　言

装饰装修工程是建筑工程中不可缺少的重要组成部分，随着建筑市场进一步对外开放，装饰装修行业也得到了快速发展，人们对装饰装修工程质量、造价水平的要求也越来越高。准确合理地确定建筑装饰装修工程造价，对于搞好基本建设计划和投资管理，合理使用工程建设资金，提高投资效益，将有直接的影响。

为了更加广泛深入地推行工程量清单计价，规范建设工程发承包双方的计量、计价行为，为了完善工程量计价工作，规范工程发、承包双方的计量和计价行为，国家颁布实施了《建设工程工程量清单计价规范》（GB 50500—2013）、《房屋建筑与装饰工程工程量计算规范》（GB 50854—2013）等新的计价规范。基于上述原因，我们编写了此书。

本书共分为九章，内容包括：概述，楼地面工程，墙、柱面工程，顶棚工程，门窗工程，油漆、涂料、裱糊工程，其他工程，拆除工程及措施项目，装饰装修工程工程量清单计价编制实例。本书内容由浅入深，从理论到实例，主要涉及装饰装修工程的造价部分，在内容安排上既有工程量清单的基本知识、工程定额基本知识，又结合了工程实践，配有大量实例，达到理论知识与实际技能相结合，更方便读者对知识的掌握，方便查阅，可操作性强。

本书可供装饰装修工程预算人员和项目管理人员使用，也可作为高等院校装饰装修工程造价、工程管理等专业的实训教材。

由于编者的经验和学识有限，尽管尽心尽力，疏漏或不妥之处在所难免，恳请有关专家和读者提出宝贵意见。

编　者

目　　录

第1章 概 述

1.1 装饰装修工程造价构成

一、建筑装饰工程费用项目组成（按费用构成要素划分）

建筑装饰工程费按照费用构成要素划分：由人工费、材料（包含工程设备，下同）费、施工机具使用费、企业管理费、利润、规费和税金组成。其中人工费、材料费、施工机具使用费、企业管理费和利润包含在分部分项工程费、措施项目费、其他项目费中，具体如图1-1所示。

1. 人工费

人工费是指按工资总额构成规定，支付给从事建筑安装工程施工的生产工人和附属生产单位工人的各项费用。内容包括：

（1）计时工资或计件工资：是指按计时工资标准和工作时间或对已做工作按计件单价支付给个人的劳动报酬。

（2）奖金：是指对超额劳动和增收节支支付给个人的劳动报酬。如节约奖、劳动竞赛奖等。

（3）津贴补贴：是指为了补偿职工特殊或额外的劳动消耗和因其他特殊原因支付给个人的津贴，以及为了保证职工工资水平不受物价影响支付给个人的物价补贴。如流动施工津贴、特殊地区施工津贴、高温（寒）作业临时津贴、高处津贴等。

（4）加班加点工资：是指按规定支付的在法定节假日工作的加班工资和在法定日工作时间外延时工作的加点工资。

（5）特殊情况下支付的工资：是指根据国家法律、法规和政策规定，因病、工伤、产假、计划生育假、婚丧假、事假、探亲假、定期休假、停工学习、执行国家或社会义务等原因按计时工资标准或计时工资标准的一定比例支付的工资。

2. 材料费

材料费是指施工过程中耗费的原材料、辅助材料、构配件、零件、半成品或成品、工程设备的费用。内容包括：

（1）材料原价：是指材料、工程设备的出厂价格或商家供应价格。

（2）运杂费：是指材料、工程设备自来源地运至工地仓库或指定堆放地点所发生的全部费用。

（3）运输损耗费：是指材料在运输装卸过程中不可避免的损耗。

（4）采购及保管费：是指为组织采购、供应和保管材料、工程设备的过程中所需要的各项费用。包括采购费、仓储费、工地保管费、仓储损耗。

工程设备是指构成或计划构成永久工程一部分的机电设备、金属结构设备、仪器装置及

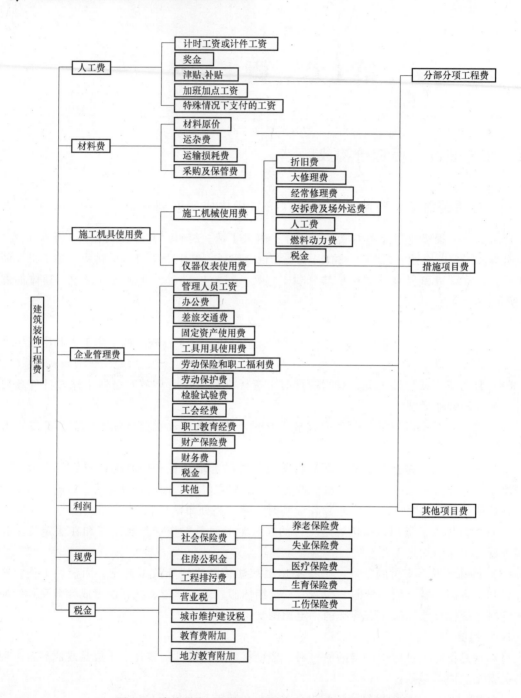

图 1-1　建筑装饰工程费用项目组成（按费用构成要素划分）

其他类似的设备和装置。

3. 施工机具使用费

施工机具使用费是指施工作业所发生的施工机械、仪器仪表使用费或其租赁费。

（1）施工机械使用费：以施工机械台班耗用量乘以施工机械台班单价表示，施工机械台班单价应由下列七项费用组成：

1）折旧费：是指施工机械在规定的使用年限内，陆续收回其原值的费用。

2）大修理费：是指施工机械按规定的大修理间隔台班进行必要的大修理，以恢复其正常功能所需的费用。

3）经常修理费：是指施工机械除大修理以外的各级保养和临时故障排除所需的费用。包括为保障机械正常运转所需替换设备与随机配备工具附具的摊销和维护费用，机械运转中日常保养所需润滑与擦拭的材料费用及机械停滞期间的维护和保养费用等。

4）安拆费及场外运费：安拆费是指施工机械（大型机械除外）在现场进行安装与拆卸所需的人工、材料、机械和试运转费用以及机械辅助设施的折旧、搭设、拆除等费用；场外运费是指施工机械整体或分体自停放地点运至施工现场或由一施工地点运至另一施工地点的运输、装卸、辅助材料及架线等费用。

5）人工费：是指机上司机（司炉）和其他操作人员的人工费。

6）燃料动力费：是指施工机械在运转作业中所消耗的各种燃料及水、电等。

7）税费：是指施工机械按照国家规定应缴纳的车船使用税、保险费及年检费等。

（2）仪器仪表使用费：是指工程施工所需使用的仪器仪表的摊销及维修费用。

4. 企业管理费

企业管理费是指建筑安装企业组织施工生产和经营管理所需的费用。内容包括：

（1）管理人员工资：是指按规定支付给管理人员的计时工资、奖金、津贴补贴、加班加点工资及特殊情况下支付的工资等。

（2）办公费：是指企业管理办公用的文具、纸张、账表、印刷、邮电、书报、办公软件、现场监控、会议、水电、烧水和集体取暖降温（包括现场临时宿舍取暖降温）等费用。

（3）差旅交通费：是指职工因公出差、调动工作的差旅费、住勤补助费，市内交通费和误餐补助费，职工探亲路费，劳动力招募费，职工退休、退职一次性路费，工伤人员就医路费，工地转移费以及管理部门使用的交通工具的油料、燃料等费用。

（4）固定资产使用费：是指管理和试验部门及附属生产单位使用的属于固定资产的房屋、设备、仪器等的折旧、大修、维修或租赁费。

（5）工具用具使用费：是指企业施工生产和管理使用的不属于固定资产的工具、器具、家具、交通工具和检验、试验、测绘、消防用具等的购置、维修和摊销费。

（6）劳动保险和职工福利费：是指由企业支付的职工退职金、按规定支付给离休干部的经费，集体福利费、夏季防暑降温、冬季取暖补贴、上下班交通补贴等。

（7）劳动保护费：是企业按规定发放的劳动保护用品的支出。如工作服、手套、防暑降温饮料以及在有碍身体健康的环境中施工的保健费用等。

（8）检验试验费：是指施工企业按照有关标准规定，对建筑以及材料、构件和建筑安装物进行一般鉴定、检查所发生的费用，包括自设试验室进行试验所耗用的材料等费用。不包括新结构、新材料的试验费，对构件做破坏性试验及其他特殊要求检验试验的费用和建设单位委托检测机构进行检测的费用，对此类检测发生的费用，由建设单位在工程建设其他费用中列支。但对施工企业提供的具有合格证明的材料进行检测不合格的，该检测费用由施工企业支付。

（9）工会经费：是指企业按《工会法》规定的全部职工工资总额比例计提的工会经费。

（10）职工教育经费：是指按职工工资总额的规定比例计提，企业为职工进行专业技术和职业技能培训，专业技术人员继续教育、职工职业技能鉴定、职业资格认定以及根据需要对职工进行各类文化教育所发生的费用。

（11）财产保险费：是指施工管理用财产、车辆等的保险费用。

（12）财务费：是指企业为施工生产筹集资金或提供预付款担保、履约担保、职工工资支付担保等所发生的各种费用。

（13）税金：是指企业按规定缴纳的房产税、车船使用税、土地使用税、印花税等。

（14）其他：包括技术转让费、技术开发费、投标费、业务招待费、绿化费、广告费、公证费、法律顾问费、审计费、咨询费、保险费等。

5. 利润

利润是指施工企业完成所承包工程获得的盈利。

6. 规费

规费是指按国家法律、法规规定，由省级政府和省级有关权力部门规定必须缴纳或计取的费用。包括：

（1）社会保险费：

1）养老保险费：是指企业按照规定标准为职工缴纳的基本养老保险费。

2）失业保险费：是指企业按照规定标准为职工缴纳的失业保险费。

3）医疗保险费：是指企业按照规定标准为职工缴纳的基本医疗保险费。

4）生育保险费：是指企业按照规定标准为职工缴纳的生育保险费。

5）工伤保险费：是指企业按照规定标准为职工缴纳的工伤保险费。

（2）住房公积金：是指企业按规定标准为职工缴纳的住房公积金。

（3）工程排污费：是指按规定缴纳的施工现场工程排污费。

其他应列而未列入的规费，按实际发生计取。

7. 税金

税金是指国家税法规定的应计入建筑安装工程造价内的营业税、城市维护建设税、教育费附加以及地方教育附加。

二、建筑装饰工程费用项目组成（按造价形成划分）

建筑装饰工程费按照工程造价形成由分部分项工程费、措施项目费、其他项目费、规费、税金组成，分部分项工程费、措施项目费、其他项目费包含人工费、材料费、施工机具使用费、企业管理费和利润（如图1-2所示）。

1. 分部分项工程费

分部分项工程费是指各专业工程的分部分项工程应予列支的各项费用。

（1）专业工程：是指按现行国家计量规范划分的房屋建筑与装饰工程、仿古建筑工程、通用安装工程、市政工程、园林绿化工程、矿山工程、构筑物工程、城市轨道交通工程、爆破工程等各类工程。

（2）分部分项工程：是指按现行国家计量规范对各专业工程划分的项目。如房屋建筑与装饰工程划分的土石方工程、地基处理与桩基工程、砌筑工程、钢筋及钢筋混凝土工程等。

各类专业工程的分部分项工程划分见现行国家或行业计量规范。

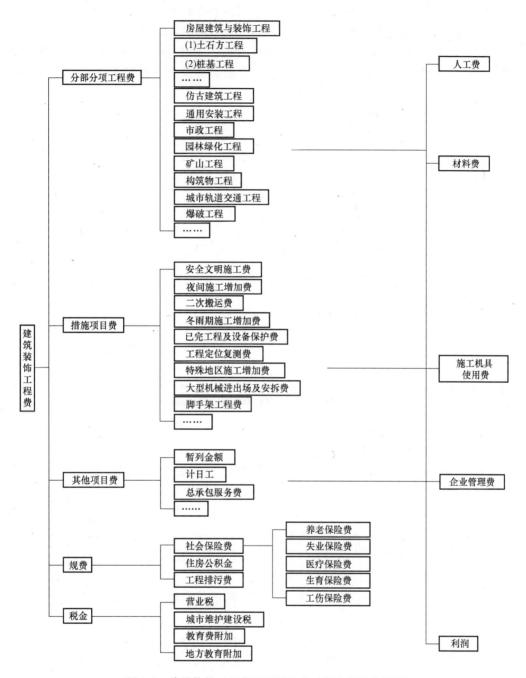

图 1-2　建筑装饰工程费用项目组成（按造价形成划分）

2. 措施项目费

措施项目费是指为完成建设工程施工，发生于该工程施工前和施工过程中的技术、生活、安全、环境保护等方面的费用。内容包括：

（1）安全文明施工费：

1）环境保护费：是指施工现场为达到环保部门要求所需要的各项费用。

2）文明施工费：是指施工现场文明施工所需要的各项费用。

3）安全施工费：是指施工现场安全施工所需要的各项费用。

4）临时设施费：是指施工企业为进行建设工程施工所必须搭设的生活和生产用的临时建筑物、构筑物和其他临时设施费用。包括临时设施的搭设、维修、拆除、清理费或摊销费等。

（2）夜间施工增加费：是指因夜间施工所发生的夜班补助费、夜间施工降效、夜间施工照明设备摊销及照明用电等费用。

（3）二次搬运费：是指因施工场地条件限制而发生的材料、构配件、半成品等一次运输不能到达堆放地点，必须进行二次或多次搬运所发生的费用。

（4）冬雨期施工增加费：是指在冬期或雨期施工需增加的临时设施、防滑、排除雨雪，人工及施工机械效率降低等费用。

（5）已完工程及设备保护费：是指竣工验收前，对已完工程及设备采取的必要保护措施所发生的费用。

（6）工程定位复测费：是指工程施工过程中进行全部施工测量放线和复测工作的费用。

（7）特殊地区施工增加费：是指工程在沙漠或其边缘地区、高海拔、高寒、原始森林等特殊地区施工增加的费用。

（8）大型机械设备进出场及安拆费：是指机械整体或分体自停放场地运至施工现场或由一个施工地点运至另一个施工地点，所发生的机械进出场运输及转移费用及机械在施工现场进行安装、拆卸所需的人工费、材料费、机械费、试运转费和安装所需的辅助设施的费用。

（9）脚手架工程费：是指施工需要的各种脚手架搭、拆、运输费用以及脚手架购置费的摊销（或租赁）费用。

措施项目及其包含的内容详见各类专业工程的现行国家或行业计量规范。

3. 其他项目费

（1）暂列金额：是指建设单位在工程量清单中暂定并包括在工程合同价款中的一笔款项。用于施工合同签订时尚未确定或者不可预见的所需材料、工程设备、服务的采购，施工中可能发生的工程变更、合同约定调整因素出现时的工程价款调整以及发生的索赔、现场签证确认等的费用。

（2）计日工：是指在施工过程中，施工企业完成建设单位提出的施工图样以外的零星项目或工作所需的费用。

（3）总承包服务费：是指总承包人为配合、协调建设单位进行的专业工程发包，对建设单位自行采购的材料、工程设备等进行保管以及施工现场管理、竣工资料汇总整理等服务所需的费用。

4. 规费

定义同上述"一、建筑装饰工程费用项目组成（按费用构成要素划分）"中的规费定义。

5. 税金

定义同上述"一、建筑装饰工程费用项目组成（按费用构成要素划分）"中的税金定义。

1.2 装饰装修工程费用计算方法

1. 各费用构成要素参考计算方法

（1）人工费

$$人工费 = \sum(工日消耗量 \times 日工资单价) \tag{1-1}$$

$$日工资单价 = \frac{生产工人平均月工资(计时/计件) + 月平均(奖金 + 津贴补贴 + 特殊情况下支付的工资)}{年平均每月法定工作日} \tag{1-2}$$

注：式（1-1）、式（1-2）主要适用于施工企业投标报价时自主确定人工费，也是工程造价管理机构编制计价定额确定定额人工单价或发布人工成本信息的参考依据。

$$人工费 = \sum(工程工日消耗量 \times 日工资单价) \tag{1-3}$$

其中，日工资单价是指施工企业平均技术熟练程度的生产工人在每工作日（国家法定工作时间内）按规定从事施工作业应得的日工资总额。

工程造价管理机构确定日工资单价应通过市场调查、根据工程项目的技术要求，参考实物工程量人工单价综合分析确定，最低日工资单价不得低于工程所在地人力资源和社会保障部门所发布的最低工资标准的：普工1.3倍、一般技工2倍、高级技工3倍。

工程计价定额不可只列一个综合工日单价，应根据工程项目技术要求和工种差别适当划分多种日人工单价，确保各分部工程人工费的合理构成。

注：式（1-3）适用于工程造价管理机构编制计价定额时确定定额人工费，是施工企业投标报价的参考依据。

（2）材料费

1）材料费

$$材料费 = \sum(材料消耗量 \times 材料单价) \tag{1-4}$$

$$材料单价 = \{(材料原价 + 运杂费) \times [1 + 运输损耗率(\%)]\} \times 1 + 采购保管费率(\%)] \tag{1-5}$$

2）工程设备费

$$工程设备费 = \sum(工程设备量 \times 工程设备单价) \tag{1-6}$$

$$工程设备单价 = (设备原价 + 运杂费) \times [1 + 采购保管费率(\%)] \tag{1-7}$$

（3）施工机具使用费

1）施工机械使用费

$$施工机械使用费 = \sum(施工机械台班消耗量 \times 机械台班单价) \tag{1-8}$$

$$机械台班单价 = 台班折旧费 + 台班大修费 + 台班经常修理费 + 台班安拆费及场外运费 + 台班人工费 + 台班燃料动力费 + 台班车船税费 \tag{1-9}$$

注：工程造价管理机构在确定计价定额中的施工机械使用费时，应根据《全国统一施工机械台班费用编制规则》结合市场调查编制施工机械台班单价。施工企业可以参考工程造价管理机构发布的台班单价，自主确定施工机械使用费的报价，如租赁施工机械，公式为：施工机械使用费 = $\sum$（施工机械台班消耗量 × 机械台班租赁单价）。

2）仪器仪表使用费

$$仪器仪表使用费 = 工程使用的仪器仪表摊销费 + 维修费 \qquad (1-10)$$

（4）企业管理费费率

1）以分部分项工程费为计算基础

$$企业管理费费率（\%） = \frac{生产工人年平均管理费}{年有效施工天数 \times 人工单价} \times 人工费占分部分项工程费比例（\%）$$
$$(1-11)$$

2）以人工费和机械费合计为计算基础

$$企业管理费费率（\%） = \frac{生产工人年平均管理费}{年有效施工天数 \times （人工单价 + 每一工机械使用费）} \times 100\%$$
$$(1-12)$$

3）以人工费为计算基础

$$企业管理费费率（\%） \frac{生产工人年平均管理费}{年有效施工天数 \times 人工单价} \times 100\% \qquad (1-13)$$

注：上述公式适用于施工企业投标报价时自主确定管理费，是工程造价管理机构编制计价定额确定企业管理费的参考依据。

工程造价管理机构在确定计价定额中企业管理费时，应以定额人工费或（定额人工费 + 定额机械费）作为计算基数，其费率根据历年工程造价积累的资料，辅以调查数据确定，列入分部分项工程和措施项目中。

（5）利润

1）施工企业根据企业自身需求并结合建筑市场实际自主确定，列入报价中。

2）工程造价管理机构在确定计价定额中利润时，应以定额人工费（或定额人工费 + 定额机械费）作为计算基数，其费率根据历年工程造价积累的资料，并结合建筑市场实际确定，以单位（单项）工程测算，利润在税前建筑安装工程费的比重可按不低于5% 且不高于7% 的费率计算。利润应列入分部分项工程和措施项目中。

（6）规费

1）社会保险费和住房公积金。社会保险费和住房公积金应以定额人工费为计算基础，根据工程所在地省、自治区、直辖市或行业建设主管部门规定费率计算。

$$社会保险费和住房公积金 = \sum（工程定额人工费 \times 社会保险费和住房公积金费率）$$
$$(1-14)$$

式中：社会保险费和住房公积金费率可以每万元发承包价的生产工人人工费和管理人员工资含量与工程所在地规定的缴纳标准综合分析取定。

2）工程排污费。工程排污费等其他应列而未列入的规费应按工程所在地环境保护等部门规定的标准缴纳，按实计取列入。

（7）税金

税金计算公式：

$$税金 = 税前造价 \times 综合税率（\%） \qquad (1-15)$$

综合税率：

1）纳税地点在市区的企业

$$综合税率(\%) = \frac{1}{1 - 3\% - (3\% \times 7\%) - (3\% \times 3\%) - (3\% \times 2\%)} - 1 \quad (1-16)$$

2）纳税地点在县城、镇的企业

$$综合税率(\%) = \frac{1}{1 - 3\% - (3\% \times 5\%) - (3\% \times 3\%) - (3\% \times 2\%)} - 1 \quad (1-17)$$

3）纳税地点不在市区、县城、镇的企业

$$综合税率(\%) = \frac{1}{1 - 3\% - (3\% \times 1\%) - (3\% \times 3\%) - (3\% \times 2\%)} - 1 \quad (1-18)$$

4）实行营业税改增值税的，按纳税地点现行税率计算。

2. 建筑装饰工程计价参考公式

（1）分部分项工程费

$$分部分项工程费 = \sum(分部分项工程量 \times 综合单价) \quad (1-19)$$

式中：综合单价包括人工费、材料费、施工机具使用费、企业管理费和利润以及一定范围的风险费用（下同）。

（2）措施项目费

1）国家计量规范规定应予计量的措施项目，其计算公式为：

$$措施项目费 = \sum(措施项目工程量 \times 综合单价) \quad (1-20)$$

2）国家计量规范规定不宜计量的措施项目计算方法如下：

① 安全文明施工费

$$安全文明施工费 = 计算基数 \times 安全文明施工费费率(\%) \quad (1-21)$$

计算基数应为定额基价（定额分部分项工程费 + 定额中可以计量的措施项目费）、定额人工费或（定额人工费 + 定额机械费），其费率由工程造价管理机构根据各专业工程的特点综合确定。

② 夜间施工增加费

$$夜间施工增加费 = 计算基数 \times 夜间施工增加费费率(\%) \quad (1-22)$$

③ 二次搬运费

$$二次搬运费 = 计算基数 \times 二次搬运费费率(\%) \quad (1-23)$$

④ 冬雨期施工增加费

$$冬雨期施工增加费 = 计算基数 \times 冬雨期施工增加费费率(\%) \quad (1-24)$$

⑤ 已完工程及设备保护费

$$已完工程及设备保护费 = 计算基数 \times 已完工程及设备保护费费率(\%) \quad (1-25)$$

上述②~⑤项措施项目的计费基数应为定额人工费（或定额人工费 + 定额机械费），其费率由工程造价管理机构根据各专业工程特点和调查资料综合分析后确定。

（3）其他项目费

1）暂列金额由建设单位根据工程特点，按有关计价规定估算，施工过程中由建设单位掌握使用、扣除合同价款调整后如有余额，归建设单位。

2）计日工由建设单位和施工企业按施工过程中的签证计价。

3）总承包服务费由建设单位在招标控制价中根据总包服务范围和有关计价规定编制，

施工企业投标时自主报价,施工过程中按签约合同价执行。

4）规费和税金 建设单位和施工企业均应按照省、自治区、直辖市或行业建设主管部门发布标准计算规费和税金,不得作为竞争性费用。

3. 相关问题的说明

（1）各专业工程计价定额的编制及其计价程序,均按本通知实施。

（2）各专业工程计价定额的使用周期原则上为 5 年。

（3）工程造价管理机构在定额使用周期内,应及时发布人工、材料、机械台班价格信息,实行工程造价动态管理,如遇国家法律、法规、规章或相关政策变化以及建筑市场物价波动较大时,应适时调整定额人工费、定额机械费以及定额基价或规费费率,使建筑安装工程费能反映建筑市场实际。

（4）建设单位在编制招标控制价时,应按照各专业工程的计量规范和计价定额以及工程造价信息编制。

（5）施工企业使用计价定额时除不可竞争费用外,其余仅作参考,由施工企业投标时自主报价。

1.3 装饰装修工程计价程序

建筑装饰工程招标控制价计价程序见表1-1。

表 1-1　建筑装饰工程招标控制价计价程序

工程名称:　　　　　　　　　　　标段:　　　　　　　　　　　第　页共　页

序号	内容	计算方法	金额/元
1	分部分项工程费	按计价规定计算	
1.1			
1.2			
1.3			
1.4			
1.5			
2	措施项目费	按计价规定计算	
2.2	其中:安全文明施工费	按规定标准计算	
3	其他项目费		
3.1	其中:暂列金额	按计价规定计算	
3.2	其中:专业工程暂估价	按计价规定计算	
3.3	其中:计日工	按计价规定计算	
3.4	其中:总承包服务费	按计价规定计算	
4	规费	按规定标准计算	
5	税金(扣除不列入计税范围的工程设备金额)	(1+2+3+4)×规定税率	
	投标报价合计		

建筑装饰工程投标报价计价程序见表1-2。

表1-2 建筑装饰工程投标报价计价程序

工程名称： 标段： 第 页共 页

序号	内容	计算方法	金额/元
1	分部分项工程费	自主报价	
1.1			
1.2			
1.3			
1.4			
1.5			
2	措施项目费	自主报价	
2.2	其中:安全文明施工费	按规定标准计算	
3	其他项目费		
3.1	其中:暂列金额	按招标文件提供金额计列	
3.2	其中:专业工程暂估价	按招标文件提供金额计列	
3.3	其中:计日工	自主报价	
3.4	其中:总承包服务费	自主报价	
4	规费	按规定标准计算	
5	税金(扣除不列入计税范围的工程设备金额)	$(1+2+3+4) \times$ 规定税率	
	投标报价合计		

建筑装饰工程竣工结算计价程序见表1-3。

表1-3 建筑装饰工程竣工结算计价程序

工程名称： 标段： 第 页共 页

序号	内容	计算方法	金额/元
1	分部分项工程费	按合同约定计算	
1.1			
1.2			
1.3			
1.4			
1.5			
2	措施项目费	按合同约定计算	
2.2	其中:安全文明施工费	按规定标准计算	
3	其他项目费		
3.1	其中:暂列金额	按合同约定计算	
3.2	其中:专业工程暂估价	按计日工签证计算	
3.3	其中:计日工	按合同约定计算	
3.4	其中:总承包服务费	按发承包双方确认数额计算	
4	规费	按规定标准计算	
5	税金(扣除不列入计税范围的工程设备金额)	$(1+2+3+4) \times$ 规定税率	
	投标报价合计		

1.4　装饰装修工程相关清单编制

（1）编制基本规定

1）工程量清单的编制人。招标工程量清单应由具有编制能力的招标人或受其委托，具有相应资质的工程造价咨询人编制。

2）工程量清单是招标文件的组成部分。采用工程量清单方式招标，工程量清单必须作为招标文件的组成部分，其准确性和完整性由招标人负责。

3）工程量清单的作用。招标工程量清单是工程量清单计价的基础，应作为编制招标控制价、投标报价、计算工程量、支付工程款、调整合同价款、办理竣工结算以及工程索赔等的依据之一。

4）工程量清单的组成。工程量清单应由分部分项工程量清单、措施项目清单、其他项目清单、规费项目清单、税金项目清单组成。

5）编制工程量清单的依据。

① 现行建设工程工程量清单计价规范。

② 国家或省级、行业建设主管部门颁发的计价依据和办法。

③ 建设工程设计文件。

④ 与建设工程项目有关的标准、规范、技术资料。

⑤ 拟定招标文件。

⑥ 施工现场情况、工程特点及常规施工方案。

⑦ 其他相关资料。

（2）分部分项工程量清单编制

1）分部分项工程量清单的五要件。分部分项工程量清单应包括项目编码、项目名称、项目特征、计量单位和工程量。

规范规定了构成一个分部分项工程当量清单的五个要件——项目编码、项目名称、项目特征、计量单位和工程量，这五个要件在分部分项工程量清单的组成中缺一不可。

2）分部分项工程量清单构成要件的编制依据。分部分项工程量清单应根据附录规定的项目编码、项目名称、项目特征、计量单位和工程量计算规则进行编制。该编制依据主要体现了对分部分项工程量清单内容规范管理的要求。

3）工程量清单编码的表示方式。前面"计价规范"的结构组成中已有描述。

4）项目名称的确定。分部分项工程量清单的项目名称应按附录的项目名称结合拟建工程的实际确定。

5）工程量计算的依据与有效位数。分部分项工程量清单中所列工程量应按附录中规定的工程量计算规则计算。

6）计量单位的确定。分部分项工程量清单的计量单位应按附录中规定的计量单位确定。附录中有两个或两个以上计量单位的，应结合拟建工程项目的实际选择其中一个确定。

7）项目特征的描述。分部分项工程量清单项目特征应按附录中规定的项目特征，结合拟建工程项目的实际予以描述。

清单项目特征的描述，应根据计价规范附录中有关项目特征的要求，结合技术规范、标准图集、施工图样,按照工程结构、使用材质及规格或安装位置等,予以详细而准确的表述和说明。但有些项目特征用文字往往又难以准确和全面地描述清楚。因此,为达到规范、简捷、准确、全面描述项目特征的要求,在描述工程量清单项目特征时应按以下原则进行。

① 项目特征描述的内容应按附录中的规定,结合拟建工程的实际,能满足确定综合单价的需要。

② 若采用标准图集或施工图样能够全部或部分满足项目特征描述的要求,项目特征描述可直接采用详见××图集或××图号的方式。对不能满足项目特征描述要求的部分,仍应用文字描述。

8)编制补充项目的规定。在编制工程量清单时,当出现"计价规范"附录中未包括的清单项目时,编制人应作补充,并报省级或行业工程造价管理机构备案,省级或行业工程造价管理机构应汇总报住房和城乡建设部标准定额研究所。

补充项目的编码由附录的顺序码与B和三位阿拉伯数字组成,并应从×B001起顺序编制,同一招标工程的项目不得重码。工程量清单中需附有补充项目的名称、项目特征、计量单位、工程量计算规则、工程内容。

(3)措施项目清单

1)措施项目清单的设置。措施项目清单应根据拟建工程的实际情况列项。通用措施项目可按表1-4选择列项,专业工程的措施项目可按附录中规定的项目选择列项。若出现"计价规范"未列的项目,可根据工程实际情况补充。

表1-4 通用措施项目一览表

序号	项目名称	序号	项目名称
1	夜间施工	5	施工排水
2	二次搬运	6	施工降水
3	冬雨期施工	7	地上、地下设施,建筑物的临时保护措施
4	大型机械设备进出场及安拆	8	已完工程及设备保护

2)措施项目清单的编制方式。措施项目中可以计算工程量的项目清单宜采用分部分项工程量清单的方式编制,列出项目编码、项目名称、项目特征、计量单位和工程量计算规则;不能计算工程量的项目清单,以"项"为计量单位的方式编制。例如,混凝土浇筑的模板工程,用分部分项工程量清单的方式采用综合单价,更有利于措施费的确定和调整。

(4)其他项目清单

1)其他项目清单内容组成。工程建设标准的高低、工程的复杂程度、工程的工期长短、工程的组成内容、发包人对工程管理要求等都直接影响其他项目清单的具体内容,"计价规范"仅提供了暂列金额、暂估价(包括材料暂估单价、专业工程暂估价)、计日工、总承包服务费四项内容作为列项参考。其不足部分,可根据工程的具体情况进行补充。

① 暂列金额是招标人暂定并包括在合同价款中的一笔款项。不管采用何种合同形式,其理想的标准是,一份合同的价格就是其最终的竣工结算价格,或者至少两者应尽可能接近。但工程建设自身的特性决定了工程的设计需要根据工程进展不断地进行优化和调整,业主需求可能会随工程建设进展出现变化,工程建设过程还会存在一些不能预见、不能确定的因素。消化这些因素必然会影响合同价格的调整,暂列金额正是为这类不可避免的价格调整

而设立，以便达到合理确定和有效控制工程造价的目标。

② 暂估价在招标阶段预见肯定要发生，只是因为标准不明确或者需要由专业承包人完成，暂时无法确定价格。暂估价数量和拟用项目应当结合工程量清单中的"暂估价表"予以补充说明。为方便合同管理，需要纳入分部分项工程量清单项目综合单价中的暂估价应只是材料费，以方便投标人组价。专业工程的暂估价一般应是综合暂估价，应当包括除规费和税金以外的管理费、利润等取费。

③ 计日工是为了解决现场发生的零星工作的计价而设立的。计日工对完成零星工作所消耗的人工工时、材料数量、施工机械台班进行计量，并按照计日工表中填报的适用项目的单价进行计价支付。计日工适用的所谓零星工作一般是指合同约定之外的或者因变更而产生的、工程量清单中没有相应项目的额外工作，尤其是那些时间不允许事先商定价格的额外工作。

④ 总承包服务费是为了解决招标人在法律、法规允许的条件下进行专业工程发包，以及自行供应材料、设备，并需要总承包人对发包的专业工程提供协调和配合服务，对供应的材料、设备提供收、发和保管服务以及进行施工现场管理时发生，并向总承包人支付的费用。招标人应预计该项费用并按投标人的投标报价向投标人支付该项费用。

2）其他项目清单的补充。出现上述计价规范其他项目内容中未列的项目，可根据工程实际情况补充。

（5）规费项目清单

1）规费项目清单内容组成。根据原建设部、财政部"关于印发《建筑安装工程费用项目组成》的通知"（建标［2013］44号）及有关文件的规定，规费项目清单应按照下列内容列项。

① 安全文明施工费：包括环境保护费、文明施工费、安全施工费、临时设施费。

② 工程排污费。

③ 社会保障费：包括养老保险费、失业保险费、医疗保险费、工伤保险费、生育保险费。

④ 住房公积金。

2）规费项目清单的补充。编制人对《建筑安装工程费用项目组成》（建标［2013］44号）未包括的规费项目，在编制规费项目清单时应根据省级政府或省级有关部门的规定列项。

（6）税金项目清单

根据原建设部、财政部"关于印发《建筑安装工程费用项目组成》的通知"（建标［2013］44号）的规定，目前我国税法规定应计入建筑安装工程造价的税种包括营业税、城市建设维护税及教育费附加。如国家税法发生变化，税务部门依据职权增加了税种，应对税金项目清单进行补充。

1.5 装饰装修工程相关定额编制

（1）概算定额的编制

1）编制依据

① 现行的设计标准、规范和施工技术规范、规程等法规。

② 现行的人工工资标准、材料预算价格、机械台班预算价格及各项取费标准。

③ 现行的装饰装修工程预算定额和概算定额。

④ 有代表性的设计图样和标准设计图集、通用图集。

⑤ 有关的施工图预算和工程结算等经济资料。

2）编制方法

① 定额项目的划分。应把简明和便于计算作为原则，在保证准确性的前提下，以主要结构分部工程为主，合并相关联的子项目。

② 定额的计量单位。基本上按预算定额的规定执行，但是该单位中所包含的工程内容扩大。

③ 定额数据的综合取定。因为概算定额是在预算定额的基础上综合扩大而成的，所以在工程的标准和施工方法确定、工程量计算和取值上都需进行综合考虑，并结合概、预算定额水平的幅度差而对其适当扩大，还要考虑初步设计的深度条件来编制。如混凝土和砂浆的强度等级、钢筋用量等，可根据工程结构的不同部位，通过综合测算、统计来选定出合理数据。

（2）预算定额的编制

1）编制依据

① 现行的设计规范、施工验收规范和安全操作规程。预算定额在确定人工、材料和机械台班消耗数量时，必须综合考虑以上各项法规的要求与影响。

② 现行的劳动定额和施工定额。预算定额是在现行劳动定额和施工定额的基础上编制的。预算定额中人工、材料、机械台班消耗水平，需要根据劳动定额或施工定额来选定；预算定额的计量单位的选择，也参考施工定额，从而保证两者之间的协调性与可比性，减轻预算定额的编制工作量，缩短编制时间。

③ 现行的预算定额、材料预算价格及相关文件规定等。包括过去定额编制过程中积累的基础资料，也是编制预算定额的依据和参考。

④ 具有代表性的典型工程施工图及有关标准图。对这些图样进行仔细分析研究，计算出工程数量，作为编制定额时选择施工方法以及确定定额含量的依据。

⑤ 新技术、新结构、新材料和先进的施工方法等。它们是调整定额水平和增加新的定额项目所必需的依据。

⑥ 有关科学试验、技术测定和统计、经验资料。它们是确定定额水平的重要依据。

2）编制方法与步骤

① 采用"定额单价法"编制预算的步骤。

a. 掌握编制施工图预算的基础资料。施工图预算的基础资料由设计资料、预算资料、施工组织设计资料和施工合同等组成。

b. 熟悉预算定额及其有关规定。正确掌握施工图预算定额及有关规定，熟悉预算定额的全部内容和项目划分，定额子目的工程内容、施工方法、材料规格、计量单位、质量要求、工程量计算方法，项目之间的相互关系及调整换算定额的规定条件和方法，便于正确应用定额。

c. 了解和掌握施工组织设计的相关内容。为完成施工图预算编制工作，要深入施工现场，了解现场地形地貌、水文、地质、施工现场用地、自然地坪标高、施工方法、施工机械、施工进度、挖土方式、施工现场总平面布置以及与预算定额有关而直接影响施工经济效益的各种因素。

d. 熟悉设计图样和设计说明书。设计图样和设计说明书是施工的依据，也是编制施工图预算的重要基础资料。设计图样和设计说明书上所标示或说明的工程构造、材料品种及其规格质量、材料做法、设计尺寸等设计要求，为编制施工图预算、结合预算定额确定分项工程项目及选择套用定额子目等提供了重要的数据。

e. 计算建筑面积。要严格按照《建筑面积计算规则》，结合设计图样逐层计算，最后汇总出全部建筑面积。计算建筑面积是控制基本建设规模、计算单位建筑面积技术经济指标等的依据。

f. 计算工程量。工程量的计算必须依据设计图样和设计说明书提供的工程构造、设计尺寸和做法要求，结合施工组织设计和现场情况，按照预算定额的项目划分、工程量计算规则和计量单位的规定，对每个分项工程的工程量进行具体计算。它是施工图预算编制工作中的一项重要环节，大约有90%以上的时间是消耗在工程量计算阶段内，而且施工图预算造价的正确与否，关键在于工程量的计算正确与否，项目是否齐全，有无遗漏或错误。

g. 编表、套定额单价、取费及工料分析。工程量计算的成果是与定额分部、分项相对应的各项工程量，将其填入"单位工程预算表"，并填写相应定额编号及单价，然后计算分部、分项直接工程费，再汇总成单位工程直接费。最后以单位工程直接费为基础，取费、调差，汇总工程造价。

此外，还要求编制工料分析表，以供工程结算时作为进一步调整工料价差的依据。因为目前电算技术的迅速发展，许多预算软件可以实现图形算量套价，大大提高了预算的质量与速度。

② 采用"定额实物法"编制预算的步骤。

a. 掌握编制施工图预算的基础资料。

b. 熟悉预算定额及其有关规定。

c. 了解和掌握施工组织设计的有关内容。

d. 熟悉设计图样和设计说明书。

e. 计算建筑面积。

f. 计算工程量。

g. 套用预算人工、材料、机械定额用量。

h. 求出各分项人工、材料、机械消耗数量：

各分项人、材、机消耗量 = $\sum$（各分项工程量 × 相应的预算人、材、机定额消耗量）

$$(1-26)$$

i. 按当时当地人、材、机单价，汇总人工费、材料费和机械费：

直接工程费 = 各分项人、材、机消耗量 × 相应的人、材、机单价 （1-27）

j. 计算其他各项费用，汇总造价。

从以上编制步骤可以看出，定额实物法与定额单价法的不同主要体现在其第 h、i 及 j 步。

③ 采用"综合单价法"编制预算的步骤。

a. 按照《建设工程工程量清单计价规范》（GB 50500—2013）中的工程量计算规则来计算工程量，并由此形成工程量清单。

b. 估算分项工程单价是根据具体项目以及目前的市场行情估算出来的，与定额单价法中的定额单价是截然不同的。

c. 汇总建设项目的总造价的操作是将估算好的分项工程单价填入工程量清单中，并汇总形成总价。

（3）劳动定额的编制

1）编制依据。编制劳动定额必须以国家的有关经济政策可靠的技术资料为主要依据。

2）编制方法。劳动定额水平测定的方法比较多，一般常用的方法有技术测定法、统计分析法、经验估计法和比较类推法四种，如图1-3所示。

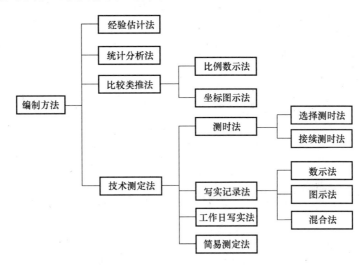

图1-3　劳动定额的编制方法

（4）材料消耗定额的编制

1）编制方法。材料消耗定额的编制方法包括观测法、试验法、统计法和计算法。

2）周转性材料消耗量的确定。周转性材料是指在施工过程中多次使用、周转的工具性材料，如挡土板、模板、脚手架等。在施工中它不是一次消耗完，而是随着使用次数的增多，逐渐消耗，多次使用、反复周转，并在使用过程中不断补充。周转性材料指标分别用一次使用量和摊销量两个指标表示。

① 一次使用量是指材料在不重复使用的条件下的一次使用，一般供建设单位和施工企业将其作为申请备料和编制施工作业计划之用。

② 摊销量是按照多次使用，应分摊到每一计量单位分项工程或结构构件上的材料消耗数量。

（5）机械台班使用定额的编制

施工机械台班定额是施工机械效率的反映。编制机械定额的程序及方法包括以下几点。

1）确定正常的工作地点。

2）拟定正常的工人编制。

3）确定机械纯工作一小时的正常生产效率（N）。

机械台班使用定额既是对工人班组签发施工任务书的依据，也是实行计价奖励、编制机械需要量计划和考核机械效率的依据。

（6）施工图预算的编制

1）编制依据

① 国家、行业和地方政府有关工程建设和造价管理的法律、法规和规定。

② 经过批准的初步设计方案。

③ 经过批准的设计概算文件。

④ 经过批准和会审的全部施工图样、说明书和标准图集。

⑤ 企业定额、现行建筑工程和安装工程预算定额和费用定额、单位估价表、有关费用规定等。

⑥ 工程地质勘察资料。

⑦ 项目划分规则及工程量计算规则。

⑧ 材料与构配件市场价格、价格指数。

⑨ 施工组织设计或施工方案。

⑩ 地区单位估价表、地区工程建设费用定额，地区材料、人工、机械台班预算价格。

⑪ 工程承包合同、指标文件。

⑫ 建设场地中的自然条件和施工条件。

2）编制方法。单位工程施工图预算包括工料单价法和综合单价法两种。工料单价法是传统的定额计价模式下的施工图预算编制方法，而综合单价法是一种与国际接轨、符合市场经济体制的计价模式。施工图预算的编制方法见表1-5。

表1-5　施工图预算的编制方法

方法		编制内容
工料单价法	预算单价法	1. 熟悉预算定额及相关规定 2. 掌握施工图预算的基础资料 3. 掌握施工组织设计有关内容 4. 熟悉设计图样和设计说明书 5. 计算建筑面积 6. 计算工程量 7. 编制表格、套用定额单价、取费及工料分析
	实物法	实物法的编制步骤与预算单价法有很多相同之处。在熟悉预算单价法的基础上，具体看定额实物法的编制步骤： 1. 掌握编制施工图预算的基础资料 2. 熟悉预算定额及其有关规定 3. 了解和掌握施工组织设计的有关内容 4. 熟悉设计图样和设计说明书 5. 计算建筑面积 6. 计算工程量 7. 套用预算人工、材料、机械定额用量 8. 求出各分项人工、材料、机械消耗数量，公式为 各分项人工、材料、机械消耗量 $=\sum$（各分项工程量×相应的预算人工、材料、机械定额消耗量） (1-28) 9. 按当时当地人工、材料、机械单价，汇总人工费、材料费和机械费

（续）

方法		编制内容
综合单价法	全费用综合单价	全费用综合单价即单价中综合了分项工程人工费、材料费、机械费、管理费、利润、规费以及有关文件规定的调价，它包括税金以及一定范围的风险等全部费用。以各分项工程量乘以全费用单价的合价汇总后，加上措施项目的完全价格，就生成了单位工程施工图造价。其计算公式为： 建筑安装工程预算造价 =（∑分项工程量 × 分项工程全费用单价）+ 措施项目完全价格 (1-29)
	清单综合单价	分部分项工程清单综合单价中综合了人工费、材料费、施工机械使用费、企业管理费、利润，并考虑了一定范围的风险费用，但并未包括措施费、规费和税金，所以是一种不完全单价。以各分部分项工程量乘以该综合单价的合价汇总后，再加上措施项目费、规费和税金，就是单位工程的造价。其计算公式为： 建筑安装工程预算造价 =（∑分项工程量 × 分项工程不完全单价）+ 措施项目不完全价格 + 　　规费 + 税金 (1-30)

第2章 楼地面工程

2.1 楼地面工程清单工程量计算规则

1. 整体面层及找平层

整体面层及找平层工程量清单项目的设置、项目特征描述的内容、计量单位、工程量计算规则应按表 2-1 的规定执行。

表 2-1 整体面层及找平层（编码：011101）

项目编码	项目名称	项目特征	计量单位	工程量计算规则	工程内容
011101001	水泥砂浆楼地面	1. 找平层厚度、砂浆配合比 2. 素水泥浆遍数 3. 面层厚度、砂浆配合比 4. 面层做法要求		按设计图示尺寸以面积计算。扣除凸出地面构筑物、设备基础、室内铁道、地沟等所占面积，不扣除间壁墙及 ≤ 0.3m² 柱、垛、附墙烟囱及孔洞所占面积。门洞、空圈、散热器包槽、壁龛的开口部分不增加面积	1. 基层清理 2. 抹找平层 3. 抹面层 4. 材料运输
011101002	现浇水磨石楼地面	1. 找平层厚度、砂浆配合比 2. 面层厚度、水泥石子浆配合比 3. 嵌条材料种类、规格 4. 石子种类、规格、颜色 5. 颜料种类、颜色 6. 图案要求 7. 磨光、酸洗、打蜡要求			1. 基层清理 2. 抹找平层 3. 面层铺设 4. 嵌缝条安装 5. 磨光、酸洗打蜡 6. 材料运输
011101003	细石混凝土楼地面	1. 找平层厚度、砂浆配合比 2. 面层厚度、混凝土强度等级	m²		1. 基层清理 2. 抹找平层 3. 面层铺设 4. 材料运输
011101004	菱苦土楼地面	1. 找平层厚度、砂浆配合比 2. 面层厚度 3. 打蜡要求			1. 基层清理 2. 抹找平层 3. 面层铺设 4. 打蜡 5. 材料运输
011101005	自流平楼地面	1. 找平层砂浆配合比、厚度 2. 界面剂材料种类 3. 中层漆材料种类、厚度 4. 面漆材料种类、厚度 5. 面层材料种类		按设计图示尺寸以面积计算。扣除凸出地面构筑物、设备基础、室内铁道、地沟等所占面积，不扣除间壁墙及 ≤ 0.3m² 柱、垛、附墙烟囱及孔洞所占面积。门洞、空圈、散热器包槽、壁龛的开口部分不增加面积	1. 基层处理 2. 抹找平层 3. 涂界面剂 4. 涂刷中层漆 5. 打磨、吸尘 6. 镘自流平面漆（浆） 7. 拌和自流平浆料 8. 铺面层

（续）

项目编码	项目名称	项目特征	计量单位	工程量计算规则	工程内容
011101006	平面砂浆找平层	找平层砂浆配合比、厚度	m²	按设计图示尺寸以面积计算	1. 基层处理 2. 抹找平层 3. 材料运输

注：1. 水泥砂浆面层处理是拉毛还是提浆压光应在面层做法要求中描述。

2. 平面砂浆找平层只适用于仅做找平层的平面抹灰。

3. 间壁墙是指墙厚≤120mm 的墙。

4. 楼地面混凝土垫层另按《房屋建筑与装饰工程工程量计算规范》（GB 50854—2013）附录 E.1 "现浇混凝土基础"中"垫层"项目编码列项，除混凝土外的其他材料垫层按《房屋建筑与装饰工程工程量计算规范》（GB 50854—2013）附录 D.4 "垫层"项目编码列项。

2. 块料面层

块料面层工程量清单项目的设置、项目特征描述的内容、计量单位、工程量计算规则应按表2-2的规定执行。

表 2-2　块料面层（编码：011102）

项目编码	项目名称	项目特征	计量单位	工程量计算规则	工程内容
011102001	石材楼地面	1. 找平层厚度、砂浆配合比 2. 结合层厚度、砂浆配合比 3. 面层材料品种、规格、颜色 4. 嵌缝材料种类 5. 防护层材料种类 6. 酸洗、打蜡要求	m²	按设计图示尺寸以面积计算。门洞、空圈、散热器包槽、壁龛的开口部分并入相应的工程量内	1. 基层清理 2. 抹找平层 3. 面层铺设、磨边 4. 嵌缝 5. 刷防护材料 6. 酸洗、打蜡 7. 材料运输
011102002	碎石材楼地面				
011102003	块料楼地面	1. 找平层厚度、砂浆配合比 2. 结合层厚度、砂浆配合比 3. 面层材料品种、规格、颜色 4. 嵌缝材料种类 5. 防护层材料种类 6. 酸洗、打蜡要求			

注：1. 在描述碎石材项目的面层材料特征时可不用描述规格、品牌、颜色。

2. 石材、块料与粘结材料的结合面刷防渗材料的种类在防护层材料种类中描述。

3. 本表工程内容中的"磨边"是指施工现场磨边，本书"工程内容"一项中涉及的"磨边"含义同此条。

3. 橡塑面层

橡塑面层工程量清单项目的设置、项目特征描述的内容、计量单位、工程量计算规则应按表2-3的规定执行。

表 2-3　橡塑面层（编码：011103）

项目编码	项目名称	项目特征	计量单位	工程量计算规则	工程内容
011103001	橡胶板楼地面	1. 粘结层厚度、材料种类 2. 面层材料品种、规格、颜色 3. 压线条种类	m²	按设计图示尺寸以面积计算。门洞、空圈、散热器包槽、壁龛的开口部分并入相应的工程量内	1. 基层清理 2. 面层铺贴 3. 压缝条装钉 4. 材料运输
011103002	橡胶板卷材楼地面				
011103003	塑料板楼地面				
011103004	塑料卷材楼地面				

4. 其他材料面层

其他材料面层工程量清单项目的设置、项目特征描述的内容、计量单位、工程量计算规则应按表2-4的规定执行。

表2-4　其他材料面层（编码：011104）

项目编码	项目名称	项目特征	计量单位	工程量计算规则	工程内容
011104001	地毯楼地面	1. 面层材料品种、规格、颜色 2. 防护材料种类 3. 粘结材料种类 4. 压线条种类	m^2	按设计图示尺寸以面积计算。门洞、空圈、散热器包槽、壁龛的开口部分并入相应的工程量内	1. 基层清理 2. 铺贴面层 3. 刷防护材料 4. 装钉压条 5. 材料运输
011104002	竹、木（复合）地板	1. 龙骨材料种类、规格、铺设间距 2. 基层材料种类、规格 3. 面层材料品种、规格、颜色 4. 防护材料种类			1. 基层清理 2. 龙骨铺设 3. 基层铺设 4. 面层铺贴 5. 刷防护材料 6. 材料运输
011104003	金属复合地板				
011104004	防静电活动地板	1. 支架高度、材料种类 2. 面层材料品种、规格、颜色 3. 防护材料种类			1. 基层清理 2. 固定支架安装 3. 活动面层安装 4. 刷防护材料 5. 材料运输

5. 踢脚线

踢脚线工程量清单项目的设置、项目特征描述的内容、计量单位、工程量计算规则应按表2-5的规定执行。

表2-5　踢脚线（编码：011105）

项目编码	项目名称	项目特征	计量单位	工程量计算规则	工程内容
011105001	水泥砂浆踢脚线	1. 踢脚线高度 2. 底层厚度、砂浆配合比 3. 面层厚度、砂浆配合比			1. 基层清理 2. 底层和面层抹灰 3. 材料运输
011105002	石材踢脚线	1. 踢脚线高度 2. 粘贴层厚度、材料种类 3. 面层材料品种、规格、颜色 4. 防护材料种类	1. m^2 2. m	1. 按设计图示长度乘高度以面积计算 2. 按延长米计算	1. 基层清理 2. 底层抹灰 3. 面层铺贴、磨边 4. 擦缝 5. 磨光、酸洗、打蜡 6. 刷防护材料 7. 材料运输
011105003	块料踢脚线				
011105004	塑料板踢脚线	1. 踢脚线高度 2. 粘结层厚度、材料种类 3. 面层材料种类、规格、颜色			1. 基层清理 2. 基层铺贴 3. 面层铺贴 4. 材料运输
011105005	木质踢脚线	1. 踢脚线高度 2. 基层材料种类、规格 3. 面层材料品种、规格、颜色			
011105006	金属踢脚线				
011105007	防静电踢脚线				

注：石材、块料与粘结材料的结合面刷防渗材料的种类在防护层材料种类中描述。

6. 楼梯面层

楼梯面层工程量清单项目的设置、项目特征描述的内容、计量单位、工程量计算规则应按表2-6的规定执行。

表2-6 楼梯面层（编码：011106）

项目编码	项目名称	项目特征	计量单位	工程量计算规则	工程内容
011106001	石材楼梯面层	1. 找平层厚度、砂浆配合比 2. 粘结层厚度、材料种类 3. 面层材料的品种、规格、颜色 4. 防滑条材料种类、规格 5. 勾缝材料种类 6. 防护层材料种类 7. 酸洗、打蜡要求	m²	按设计图示尺寸以楼梯（包括踏步、休息平台及≤500mm的楼梯井）水平投影面积计算。楼梯与楼地面相连时，算至梯口梁内侧边沿；无梯口梁者，算至最上一层踏步边沿加300mm	1. 基层清理 2. 抹找平层 3. 面层铺贴、磨边 4. 贴嵌防滑条 5. 勾缝 6. 刷防护材料 7. 酸洗、打蜡 8. 材料运输
011106002	块料楼梯面层	1. 找平层厚度、砂浆配合比 2. 粘结层厚度、材料种类 3. 面层材料的品种、规格、颜色 4. 防滑条材料种类、规格 5. 勾缝材料种类 6. 防护层材料种类 7. 酸洗、打蜡要求			1. 基层清理 2. 抹找平层 3. 面层铺贴、磨边 4. 贴嵌防滑条 5. 勾缝 6. 刷防护材料 7. 酸洗、打蜡 8. 材料运输
011106003	拼碎块料面层				
011106004	水泥砂浆楼梯面层	1. 找平层厚度、砂浆配合比 2. 面层厚度、砂浆配合比 3. 防滑条材料种类、规格		按设计图示尺寸以楼梯（包括踏步、休息平台及≤500mm的楼梯井）水平投影面积计算。楼梯与楼地面相连时，算至梯口梁内侧边沿；无梯口梁者，算至最上一层踏步边沿加300mm	1. 基层清理 2. 抹找平层 3. 抹面层 4. 抹防滑条 5. 材料运输
011106005	现浇水磨石楼梯面层	1. 找平层厚度、砂浆配合比 2. 面层厚度、水泥石子浆配合比 3. 防滑条材料种类、规格 4. 石子种类、规格、颜色 5. 颜料种类、颜色 6. 磨光、酸洗打蜡要求	m²		1. 基层清理 2. 抹找平层 3. 抹面层 4. 贴嵌防滑条 5. 磨光、酸洗、打蜡 6. 材料运输
011106006	地毯楼梯面层	1. 基层种类 2. 面层材料的品种、规格、颜色 3. 防护材料种类 4. 粘结材料种类 5. 固定配件材料种类、规格			1. 基层清理 2. 铺贴面层 3. 固定配件安装 4. 刷防护材料 5. 材料运输
011106007	木板楼梯面层	1. 基层材料种类、规格 2. 面层材料的品种、规格、颜色 3. 粘结材料种类 4. 防护材料种类			1. 基层清理 2. 基层铺贴 3. 面层铺贴 4. 刷防护材料 5. 材料运输

（续）

项目编码	项目名称	项目特征	计量单位	工程量计算规则	工程内容
011106008	橡胶板楼梯面层	1. 粘结层厚度、材料种类 2. 面层材料的品种、规格、颜色 3. 压线条种类	m²	按设计图示尺寸以楼梯（包括踏步、休息平台及 ≤ 500mm 的楼梯井）水平投影面积计算。楼梯与楼地面相连时，算至梯口梁内侧边沿；无梯口梁者，算至最上一层踏步边沿加300mm	1. 基层清理 2. 面层铺贴 3. 压缝条装钉 4. 材料运输
011106009	塑料板楼梯面层				

注：1. 在描述碎石材项目的面层材料特征时可不用描述规格、品牌、颜色。
2. 石材、块料与粘接材料的结合面刷防渗材料的种类在防护层材料种类中描述。

7. 台阶装饰

台阶装饰工程量清单项目的设置、项目特征描述的内容、计量单位、工程量计算规则应按表2-7的规定执行。

表2-7　台阶装饰（编码：011107）

项目编码	项目名称	项目特征	计量单位	工程量计算规则	工程内容
011107001	石材台阶面	1. 找平层厚度、砂浆配合比 2. 粘结层材料种类 3. 面层材料品种、规格、颜色 4. 勾缝材料种类 5. 防滑条材料种类、规格 6. 防护材料种类	m²	按设计图示尺寸以台阶（包括最上层踏步边沿加300mm）水平投影面积计算	1. 基层清理 2. 抹找平层 3. 面层铺贴 4. 贴嵌防滑条 5. 勾缝 6. 刷防护材料 7. 材料运输
011107002	块料台阶面				
011107003	拼碎块料台阶面				
011107004	水泥砂浆台阶面	1. 找平层厚度、砂浆配合比 2. 面层厚度、砂浆配合比 3. 防滑条材料种类			1. 基层清理 2. 抹找平层 3. 抹面层 4. 抹防滑条 5. 材料运输
011107005	现浇水磨石台阶面	1. 找平层厚度、砂浆配合比 2. 面层厚度、水泥石子浆配合比 3. 防滑条材料种类、规格 4. 石子种类、规格、颜色 5. 颜料种类、颜色 6. 磨光、酸洗、打蜡要求			1. 清理基层 2. 抹找平层 3. 抹面层 4. 贴嵌防滑条 5. 打磨、酸洗、打蜡 6. 材料运输
011107006	剁假石台阶面	1. 找平层厚度、砂浆配合比 2. 面层厚度、砂浆配合比 3. 剁假石要求			1. 清理基层 2. 抹找平层 3. 抹面层 4. 剁假石 5. 材料运输

注：1. 在描述碎石材项目的面层材料特征时可不用描述规格、品牌、颜色。
2. 石材、块料与粘接材料的结合面刷防渗材料的种类在防护层材料种类中描述。

8. 零星装饰项目

零星装饰项目工程量清单项目的设置、项目特征描述的内容、计量单位、工程量计算规则应按表2-8的规定执行。

表2-8 零星装饰项目（编码：011108）

项目编码	项目名称	项目特征	计量单位	工程量计算规则	工程内容
011108001	石材零星项目	1. 工程部位 2. 找平层厚度、砂浆配合比 3. 粘结层厚度、材料种类 4. 面层材料品种、规格、颜色 5. 勾缝材料种类 6. 防护材料种类 7. 酸洗、打蜡要求	m²	按设计图示尺寸以面积计算	1. 清理基层 2. 抹找平层 3. 面层铺贴、磨边 4. 勾缝 5. 刷防护材料 6. 酸洗、打蜡 7. 材料运输
011108002	拼碎石材零星项目				
011108003	块料零星项目				
011108004	水泥砂浆零星项目	1. 工程部位 2. 找平层厚度、砂浆配合比 3. 面层厚度、砂浆厚度			1. 清理基层 2. 抹找平层 3. 抹面层 4. 材料运输

注：1. 楼梯、台阶牵边和侧面镶贴块料面层，≤0.5m²的少量分散的楼地面镶贴块料面层，应按本表执行。

2. 石材、块料与粘接材料的结合面刷防渗材料的种类在防护层材料种类中描述。

2.2 楼地面工程定额工程量计算规则

1. 楼地面工程基础定额

（1）基础定额说明

《全国统一建筑装饰装修工程消耗量定额》楼地面装饰装修工程定额项目共分为15节242个项目。包括：天然石材、人造大理石、水磨石、陶瓷锦砖、玻璃地砖、水泥花砖、分隔嵌条、防滑条、塑料、橡胶板、地毯及附件、竹木地板、防静电活动地板、钛金不锈钢复合地砖、栏杆及扶手等项目。

1）该定额水泥砂浆、水泥石子浆、混凝土等的配合比，如设计规定与定额不同时，可以换算。

2）整体面层、块料面层中的楼地面项目，均不包括踢脚板工料；楼梯不包括踢脚板、侧面及板底抹灰，另按相应定额项目计算。

3）踢脚板高度是按150mm编制的。超过时材料用量可以调整，人工、机械用量不变。

4）菱苦土地面、现浇水磨石定额项目已包括酸洗打蜡工料。其余项目均不包括酸洗打蜡。

5）扶手、栏杆、栏板适用于楼梯、走廊、回廊及其他装饰性栏杆、栏板。扶手不包括弯头制安，另按弯头单项定额计算。

6）台阶不包括牵边、侧面装饰。

7）定额中的"零星装饰"项目，适用于小便池、蹲位、池槽等。本定额未列的项目，可按墙、柱面中相应项目计算。

8）木地板中的硬、衫、松木板，是按毛料厚度25mm编制的，设计厚度与定额厚度不同时，可以换算。

9）地面伸缩缝按《全国统一建筑工程基础定额》第九章相应项目及规定计算。

10）碎石、砾石灌沥青垫层按《全国统一建筑工程基础定额》第十章相应项目计算。

11）钢筋混凝土垫层按混凝土垫层项目执行，其钢筋部分按《全国统一建筑工程基础定额》第五章相应项目及规定计算。

12）各种明沟平均净空断面（深×宽），均按 190mm×260mm 计算的，断面不同时允许换算。

（2）工程量计算规则

1）地面垫层按室内主墙间净空面积乘以设计厚度以"m³"计算。应扣除凸出地面的构筑物、设备基础、室内铁道、地沟等所占体积，不扣除柱、垛、间壁墙、附墙烟囱及面积在 0.3m² 以内孔洞所占体积。

2）整体面层、找平层均按主墙间净空面积以"m²"计算。应扣除凸出地面构筑物、设备基础、室内管道、地沟等所占面积，不扣除柱、垛、间壁墙、附墙烟囱及面积在 0.3m² 以内的孔洞所占面积，但门洞、空圈、散热器包槽、壁龛的开口部分也不增加。

3）块料面层，按图示尺寸实铺面积以"m²"计算，门洞、空圈、散热器包槽和壁龛的开口部分的工程量并入相应的面层内计算。

4）楼梯面层（包括踏步、平台以及小于 500mm 宽的楼梯井）按水平投影面积计算。

5）台阶面层（包括踏步及最上一层踏步沿 300mm）按水平投影面积计算。

6）其他：

①踢脚板按延长米计算，洞口、空圈长度不予扣除，洞口、空圈、垛、附墙烟囱等侧壁长度也不增加。

②散水、防滑坡道按图示尺寸以"m²"计算。

③栏杆、扶手包括弯头长度按延长米计算。

④防滑条按楼梯踏步两端距离减 300mm 以延长米计算。

⑤明沟按图示尺寸以延长米计算。

（3）有关应用问题解释

1）地面垫层及面层"规则"规定按主墙间净空面积计算，主墙间净空面积的理解如下。

地面垫层按室内主墙间净空面积乘以设计厚度以"m³"计算。整体面层找平层均按主墙间净空面积以"m²"计算。

以上的主墙是指砖墙，不小于 180mm 的砌块墙厚或不小于 100mm 的钢筋混凝土剪力墙；其他非承重的间壁墙都视为非主墙。

主墙间净空面积是指以上两种墙之间的净空面积，其他非承重间壁墙所占面积不扣除。

2）地面垫层及面层"规则"规定，楼梯、台阶面层按水平投影面积计算，具体内容包括如下。

①楼梯面层包括踏步、平台以及小于 500mm 宽的楼梯井，按水平投影面积计算，不包括楼梯踢脚线，底面侧面抹灰，如图 2-1、图 2-2 所示。

②台阶面层包括踏步及最上一层踏步沿 300mm 按水平投影面积计算，不包括牵边、侧面抹灰，如图 2-3 所示。

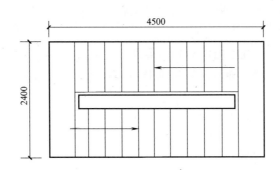

图 2-1　水泥砂浆面层

层高 3000mm，踏步宽 280mm，高 167mm，每 100m² 投影面积的展开面积为 133m²

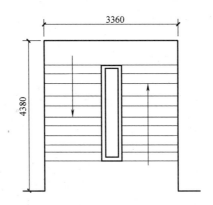

图 2-2　水磨石面积

层高 3200mm，踏步宽 300mm，高 160mm，每 100m² 投影面积的展开面积 136.5m²

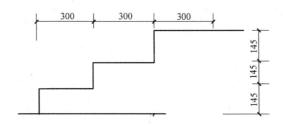

图 2-3　水泥砂浆面层

踏步高 145mm，宽 300mm，每 100m² 投影面积的展开面积 148m²

3）整体面层定额项目中是否包括结合层。如不包括结合层项目，应按如下方式处理。

水泥砂浆定额项目是按 20mm 厚制定的，包括 1mm 素水泥浆粘结层，如设有水泥砂浆结合层的按水泥砂浆找平层项目进行补充。

4）各种块料面层的规格，定额的确定如下。

各种块料面层包括大理石、花岗石、汉白玉、彩釉砖、预制水磨石块、水泥花砖和镭射钢化玻璃地砖，定额都是以 m² 表示，由各地区采用一种常用规格、品种列入定额，制定单位估价表。品种不同时，设计规格可按实际换算。

5）垫层是否用于基础。厂区道路、院内便道、停车坪和球场地坪等混凝土整体面层，执行的定额如下。

垫层用于基础垫层时，按相应定额人工乘以系数 1.2。垫层用于基础垫层需支模板时其模板按《全国统一建筑工程基础定额》第五章（混凝土及钢筋混凝土工程）中 5-33 项混凝土基础垫层项目执行。

厂区道路、停车坪和球场地坪等按市政工程相应定额项目执行，院内便道可参照本定额相关项目执行。

2. 楼地面工程消耗量定额

（1）定额说明

1）同一铺贴面上有不同种类、材质的材料。应分别按本章相应子目执行。

2）扶手、栏杆、栏板适用于楼梯、走廊、回廊及其他装饰性栏杆、栏板。

3）零星项目面层适用于楼梯侧面、台阶的牵边，小便池、蹲台、池槽，以及面积在 $1m^2$ 以内且定额未列项目的工程。

4）木地板填充材料，按照《全国统一建筑工程基础定额》相应子目执行。

5）大理石、花岗石楼地面拼花按成品考虑。

6）镶拼面积小于 $0.015m^2$ 的石材执行点缀定额。

（2）工程量计算规则

1）楼地面装饰面积按饰面的净面积计算，不扣除 $0.1m^2$ 以内的孔洞所占面积。拼花部分按实贴面积计算。

2）楼梯面积（包括踏步、休息平台，以及小于 50mm 宽的楼梯井）按水平投影面积计算。

3）台阶面层（包括踏步及最上一层踏步沿 300mm）按水平投影面积计算。

4）踢脚线按实贴长乘高以"m^2"计算，成品踢脚线按实贴延长米计算。楼梯踢脚线按相应定额乘以 1.15 系数。

5）点缀按个计算，计算主体铺贴地面面积时，不扣除点缀所占面积。

6）零星项目按实铺面积计算。

7）栏杆、栏板、扶手均按其中心线长度以延长米计算，计算扶手时不扣除弯头所占长度。

8）弯头按个计算。

9）石材底面刷养护液按底面面积加 4 个侧面面积，以"m^2"计算。

2.3 楼地面工程工程量清单编制实例

实例 1：某过厅铺贴拼花大理石的工程量计算

如图 2-4 所示，某过厅铺贴拼花大理石，石材表面刷养护液，计算该地面拼花大理石及大理石表面刷养护液的清单工程量。

【解】

（1）地面铺贴拼花大理石

3.14×1.65^2

$= 8.55$（m^2）

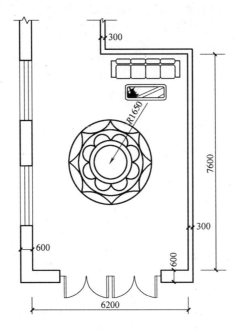

图 2-4 某过厅地面铺贴示意图（单位：mm）

（2）大理石表面刷养护液

3.14×1.65^2

$= 8.55$（m^2）

实例2：某工程铺贴大理石和现浇水磨石面层的工程量计算

某房间平面图如图 2-5 所示，外墙外侧宽为 260mm，内墙内侧宽为 110mm。房间内有

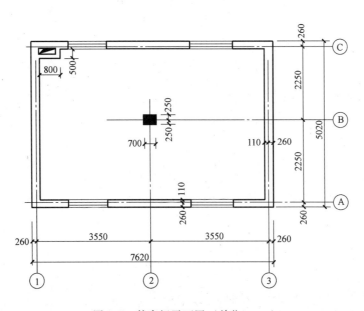

图 2-5 某房间平面图（单位：mm）

一长700mm、宽500mm的矩形支柱。试分别计算此房间铺贴大理石和做现浇水磨石板整体面层时的工程量。

【解】

（1）铺贴大理石地面面层

$$S_{大石} = (3.55 + 3.55 - 0.11 \times 2) \times (2.25 + 2.25 - 0.11 \times 2) - 0.8 \times 0.5 - 0.5 \times 0.7$$
$$= 6.88 \times 4.28 - 0.4 - 0.35$$
$$= 28.70 (m^2)$$

（2）现浇水磨石整体面层

$$S_{水石} = (3.55 + 3.55 - 0.11 \times 2) \times (2.25 + 2.25 - 0.11 \times 2) - 0.8 \times 0.5$$
$$= 6.88 \times 4.28 - 0.4$$
$$= 29.05 (m^2)$$

实例3：某楼梯铺巴西黑花岗石、踏步镶嵌铜嵌条的工程量计算

如图2-6所示，某楼梯间楼梯踏步及平台铺贴巴西黑花岗石，同时踏步上镶嵌1.75m长、4mm×6mm铜嵌条，计算楼梯铺巴西黑花岗石、踏步镶嵌铜嵌条的工程量。

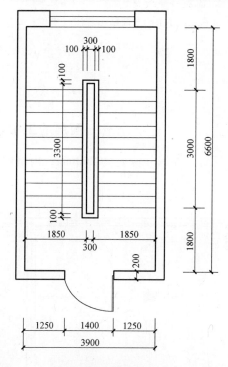

图2-6　某楼梯间平面示意图（单位：mm）

【解】

（1）楼梯面层铺贴巴西黑花岗石

$$3.9 \times 6.6 + 0.1 \times 1.4$$
$$= 25.74 + 0.14$$
$$= 25.88 \ (m^2)$$

【注释】 墙厚的一半为100mm，即为0.1m。

（2）踏步镶嵌4mm×6mm铜嵌条

$1.75 \times 11 \times 2$

$= 38.5$（m）

实例4：某花岗石台阶装饰面层的工程量计算

根据图2-7尺寸，计算花岗石台阶面层工程量。

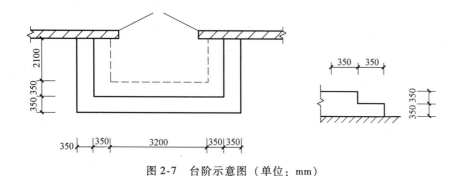

图2-7　台阶示意图（单位：mm）

【解】

花岗石台阶面层工程：

$$S_{面层} = \left[(0.35 \times 2 + 3.2) + (0.35 + 2.1) \times 2 \right] \times 0.35 \times 2$$
$$= (3.9 + 4.9) \times 0.7$$
$$= 6.16(\text{m}^2)$$

实例5：某花岗石地面面层的工程量计算

计算图2-8所示房屋的花岗石地面面层工程量。

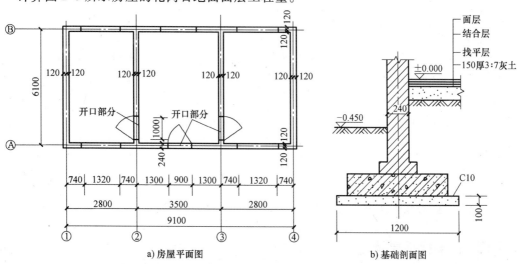

a）房屋平面图　　　b）基础剖面图

图2-8　某房屋平面及基础剖面图（单位：mm）

【解】

花岗石地面面层工程量：

$$(2.8-0.24)\times(6.1-0.24)\times2+(3.5-0.24)\times(6.1-0.24)+1\times0.24\times3$$

$$=2.56\times5.86\times2+3.26\times5.86+0.72$$

$$=30.0032+19.1036+0.72$$

$$=49.83(\mathrm{m}^2)$$

【注释】 1×0.24（m^2）是指门扇部位被扣除的地面面积，共3处。

实例6：某花岗石楼梯装饰面层的工程量计算

某花岗石楼梯装饰面层（有走道墙的楼梯）如图2-9所示，试计算花岗石楼梯装饰面层及成品楼梯木踢脚线的工程量。

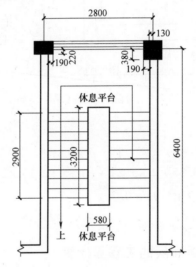

图2-9 花岗石楼梯装饰面层（单位：mm）

【解】

（1）楼梯花岗石面积

$$S=6.4\times(2.8-0.13\times2)-0.22\times0.19-0.38\times0.19-0.58\times3.2$$

$$=16.256-0.0418-0.0722-1.856$$

$$=14.29(\mathrm{m}^2)$$

（2）成品木踢脚线工程量

$$L=(6.4-2.9)\times2+2.9\times1.15\times2+(2.8-0.13\times2)$$

$$=7+6.67+2.54$$

$$=16.21(\mathrm{m})$$

【注释】 楼梯踢脚线按相应定额乘以1.15系数。

实例7：某找平层及地面铺贴花岗石的工程量计算

某房间平面图如图2-10所示，室内砖墙垛尺寸为280mm×140mm，有一尺寸为240mm×

240mm 的砖柱，石膏板隔断墙厚 160mm，门框厚度为 80mm，门洞尺寸为 2000mm × 900mm，地面做 1:3 水泥砂浆找平层 20mm 厚，铺贴花岗石。试计算找平层及地面铺贴花岗石工程量。

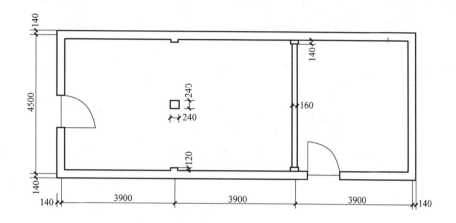

图 2-10 某房间平面图（单位：mm）

【解】

（1）找平层工程量

$(3.9 \times 3 - 0.28) \times (4.5 - 0.28)$

$= 11.42 \times 4.22$

$= 48.19(m^2)$

（2）地面铺贴花岗石工程量

$(3.9 \times 3 - 0.28) \times (4.5 - 0.28) - 0.24 \times 0.24 - 0.28 \times 0.14 \times 4 + 0.9 \times 0.14 \times 2$

$= 11.42 \times 4.22 - 0.0576 - 0.1568 + 0.252$

$= 48.23(m^2)$

实例8：某橡胶板面层的工程量计算

图 2-11 所示为一台阶示意图，试计算橡胶板面层工程量。

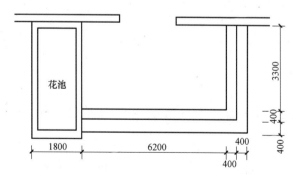

图 2-11 台阶示意图（单位：mm）

【解】

（1）台阶橡胶板面层工程量

$$(6.2+0.4\times2)\times0.4\times3+(3.3-0.4)\times0.4\times3$$
$$=8.4+3.48$$
$$=11.88\ (m^2)$$

（2）平台贴橡胶板面层工程量
$$(6.2-0.4)\times(3.3-0.4)$$
$$=5.8\times2.9$$
$$=16.82\ (m^2)$$

实例9：毛石灌浆垫层工程量计算

某工具室平面图如图2-12所示，做毛石灌 M2.5 混合砂浆，厚度为180mm，素土夯实，外墙厚度均为240mm，试计算毛石灌浆垫层工程量。

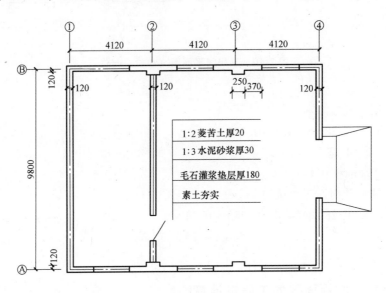

图2-12　某工具室平面图（单位：mm）

【解】
毛石灌浆垫层工程量：
$$(9.8-0.12\times2)\times(4.12\times3-0.12\times2)\times0.18$$
$$=9.56\times12.12\times0.18$$
$$=20.86\ (m^3)$$

实例10：某多功能厅地面铺木地板的工程量计算

某多功能厅地面铺木地板，其做法为：20mm×35mm 木龙骨，间距350mm；80mm×40mm 松木毛地板45°斜铺，板间缝隙2mm；上铺 150mm×50mm 水曲柳企口地板。房间内净长为13m，宽为12m，内有8根外围尺寸 550mm×550mm 的立柱。门洞开口尺寸为1.2m×0.12m。试计算该多功能厅地面铺木地板的工程量。

【解】
多功能厅地面铺木地板的工程量：

$13 \times 12 - 0.55 \times 0.55 \times 8 + 1.2 \times 0.12$

$= 156 - 2.42 + 0.144$

$= 153.72 \ (\text{m}^3)$

实例11：某工程地面的各项工程量计算

如图2-13所示为某工程地面施工图，已知地面为水磨石面层，踢脚线为150mm高水磨石，试求地面的各项工程量。

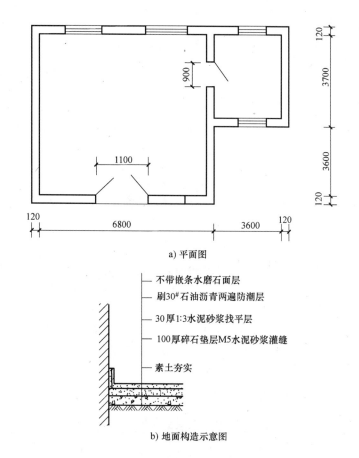

a) 平面图

不带嵌条水磨石面层
刷30#石油沥青两遍防潮层
30厚1:3水泥砂浆找平层
100厚碎石垫层M5水泥砂浆灌缝
素土夯实

b) 地面构造示意图

图2-13　某工程地面施工图（单位：mm）

【解】

（1）水磨石地面工程量

$(6.8 - 0.24) \times (7.3 - 0.24) + (3.6 - 0.24) \times (3.7 - 0.24)$

$= 6.56 \times 7.06 + 3.36 \times 3.46$

$= 46.3136 + 11.6256$

$= 57.94 \ (\text{m}^2)$

（2）水磨石踢脚线工程量

$(7.3 - 0.24 + 6.8 - 0.24) \times 2 + (3.6 - 0.24 + 3.7 - 0.24) \times 2$

$= 27.24 + 13.64$

$=40.88$（m^2）

（3）防潮层工程量

$(6.8-0.24) \times (7.3-0.24) + (3.6-0.24) \times (3.7-0.24)$

$=6.56 \times 7.06 + 3.36 \times 3.46$

$=46.3136 + 11.6256$

$=57.94$（m^2）

（4）找平层工程量

$(6.8-0.24) \times (7.3-0.24) + (3.6-0.24) \times (3.7-0.24)$

$=6.56 \times 7.06 + 3.36 \times 3.46$

$=46.3136 + 11.6256$

$=57.94$（m^2）

（5）灌浆碎石垫层工程量

$57.94 \times 0.10 = 5.79$（m^3）

实例12：某商店地面工程量计算

如图 2-14 所示的某商店地面做法为：清理基层，刷素水泥浆，粘贴淡青色瓷砖，镶嵌黑白根花岗石点缀，图中黑色斑点即为花岗石点缀。试计算其工程量。

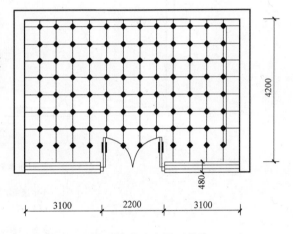

【解】

地面铺贴工程量：

$S = (3.1+2.2+3.1) \times 4.2 + 0.48 \times 2.2$

$=35.28 + 1.056$

$=36.34$（m^2）

图 2-14　地面铺贴示意图（单位：mm）

实例13：蹲台装饰面层的工程量计算

如图 2-15 所示一蹲台，试计算其装饰面层的工程量。

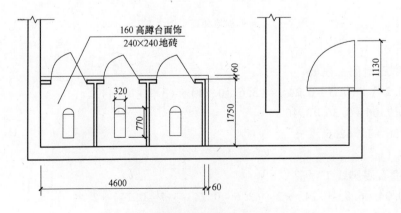

图 2-15　蹲台装饰面层（单位：mm）

【解】

蹲台装饰面层的工程量：

$(4.6 + 0.06) \times (1.75 + 0.06) + (4.6 + 1.75 + 0.06 \times 2) \times 0.16$

$= 8.4346 + 1.0352$

$= 9.47 \ (m^2)$

实例14：某楼梯扶手及弯头的工程量计算

已知某楼梯，如图 2-16 所示，试计算其扶手及弯头的工程量（最上层弯头不计）。

【解】

$$扶手工程量 = \sqrt{0.36^2 + 0.14^2} \times 8 \times 2$$
$$= 0.38626 \times 8 \times 2$$
$$= 6.18(m)$$

【注释】 8 指台阶数。

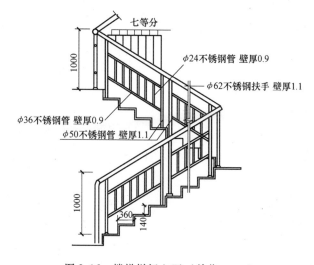

图 2-16　楼梯栏杆立面（单位：mm）

实例15：某住宅楼整体面层工程量编制

某住宅楼一层住户平面图如图 2-17 所示。已知内、外墙墙厚均为 240mm，地面做法如下：3:7 灰土垫层 300mm 厚，60mm 厚 C15 细石混凝土找平层，细石混凝土现场搅拌，20mm 厚 1:3 水泥砂浆面层。计算整体面层工程量并编制工程量清单。

【解】

（1）整体面层工程量

1）厨房面层工程量：

$S_1 = (2.45 - 0.24) \times (2.65 - 0.24)$

$= 2.21 \times 2.41$

$= 5.3261(m^2)$

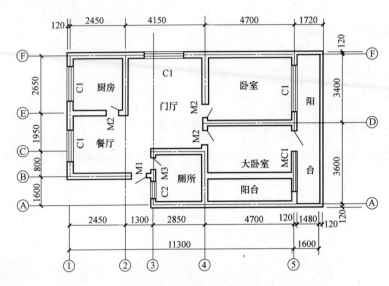

图 2-17 某住宅楼一层住户平面图（单位：mm）

2）餐厅面层工程量：

$S_2 = (2.45 + 1.30 - 0.24) \times (0.80 + 1.95 - 0.24)$

$\quad = 3.51 \times 2.51$

$\quad = 8.8101 (m^2)$

3）门厅面层工程量：

$S_3 = (4.15 - 0.24) \times (1.95 + 2.65 - 0.24) - (1.30 - 0.24) \times (1.95 - 0.24)$

$\quad = 3.91 \times 4.36 - 1.06 \times 1.71$

$\quad = 17.0476 - 1.8126$

$\quad = 15.235 (m^2)$

4）厕所面层工程量：

$S_4 = (2.85 - 0.24) \times (1.60 + 0.80 - 0.24)$

$\quad = 2.61 \times 2.16$

$\quad = 5.6376 (m^2)$

5）卧室面层工程量：

$S_5 = (4.70 - 0.24) \times (3.40 - 0.24)$

$\quad = 4.46 \times 3.16$

$\quad = 14.0936 (m^2)$

6）大卧室面层工程量：

$S_6 = (4.70 - 0.24) \times (3.60 - 0.24)$

$\quad = 4.46 \times 3.36$

$\quad = 14.9856 (m^2)$

7）阳台面层工程量：

$S_7 = (1.60 - 0.12) \times (3.60 + 3.40)$

$\quad = 1.48 \times 7.0$

$$= 10.36(\text{m}^2)$$

8）整体面层工程量：

$$S_{总} = S_1 + S_2 + S_3 + S_4 + S_5 + S_6 + S_7$$
$$= 5.3261 + 8.8101 + 15.235 + 5.6376 + 14.0936 + 14.9856 + 10.36$$
$$= 74.45(\text{m}^2)$$

（2）清单工程量计算表（见表2-9）

表2-9 清单工程量计算表（一）

项目编号	项目名称	项目特征描述	计量单位	工程量
011101001001	水泥砂浆楼地面	1. 灰土垫层：3:7 水泥砂浆，300mm 厚 2. 找平层：C15 细石混凝土，60mm 厚 3. 面层：1:3 水泥砂浆，20mm 厚	m²	74.45

实例16：某房屋踢脚线工程量清单编制

已知某房屋平面如图2-18所示，室内水泥砂浆粘贴170mm高石材踢脚板，计算踢脚线工程量并编制工程量清单。

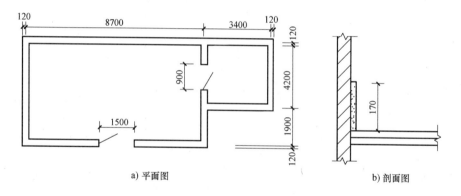

a) 平面图　　　　　　　　　　　　b) 剖面图

图2-18 某房屋平面（单位：mm）

【解】

踢脚线工程量：

$$[(8.70 - 0.24 + 6.10 - 0.24) \times 2 + (4.20 - 0.24 + 3.40 - 0.24) \times 2$$
$$- 1.50 - 0.90 \times 2 + 0.12 \times 6] \times 0.17$$
$$= (28.64 + 14.24 - 1.50 - 1.80 + 0.72) \times 0.17$$
$$= 6.85(\text{m}^2)$$

【注释】 （4200 + 1900）mm = 6100mm = 6.1m

清单工程量计算表见表2-10。

表2-10 清单工程量计算表（二）

项目编号	项目名称	项目特征描述	计量单位	工程量
011105002001	石材踢脚线	1. 踢脚线：高度170mm 2. 粘贴层：水泥砂浆	m²	6.85

实例17：某装饰工程地面、墙面、顶棚等项目的工程量清单编制

某装饰工程施工图如图 2-19 所示，房间外墙厚度 240mm，中到中尺寸为 13000mm × 20500mm，800mm×800mm 独立柱 4 根，墙体抹灰厚度 20mm（门窗占位面积 80m²，门窗洞口侧壁抹灰 15m²、柱跺展开面积 11m²），地砖地面施工完成后尺寸如图示，吊顶高度 3600mm（窗帘盒占位面积 7m²），做法：地面 20mm 厚 1:3 水泥砂浆找平、20mm 厚 1:2 干性水泥砂浆粘贴玻化砖，玻化砖踢脚线，高度 150mm（门洞宽度合计 4m），乳胶漆一底两面，顶棚轻钢龙骨石膏板面刮成品腻子面罩乳胶漆一底两面。柱面挂贴 30mm 厚花岗石板，花岗石板和柱结构面之间空隙填灌 50mm 厚的 1:3 水泥砂浆。试列出该装饰工程地面、墙面、顶棚等项目的工程量清单。

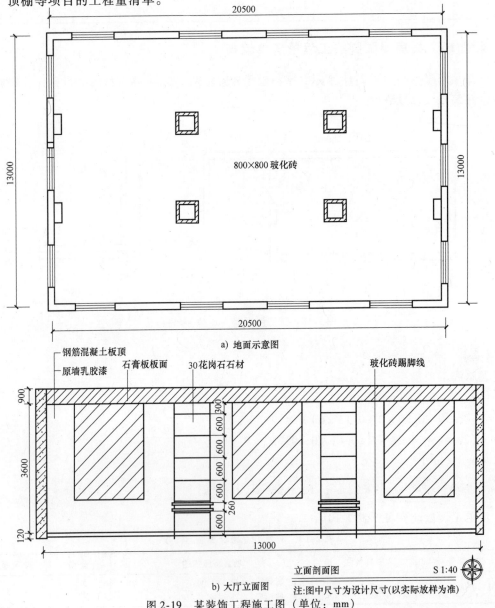

a) 地面示意图

b) 大厅立面图

立面剖面图   S 1:40

注:图中尺寸为设计尺寸(以实际放样为准)

图 2-19　某装饰工程施工图（单位：mm）

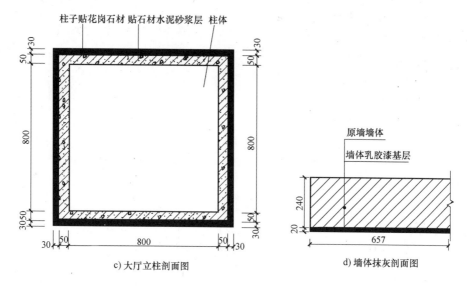

c) 大厅立柱剖面图　　　　　　　d) 墙体抹灰剖面图

图 2-19　某装饰工程施工图（单位：mm）（续）

【解】

（1）玻化砖地面

$S_1 = (13 - 0.24 - 0.04) \times (20.5 - 0.24 - 0.04)$

$\quad\quad = 12.72 \times 20.22$

$\quad\quad = 257.198(\text{m}^2)$

> **【注释】** 墙体抹灰厚度20mm，那么地砖地面施工完成后尺寸：$(12 - 0.24 - 0.04) \times (18 - 0.24 - 0.04)$。

$S_2 = 0.8 \times 0.8 \times 4$

$\quad\quad = 2.56(\text{m}^2)$

$S = S_1 - S_2 = 257.198 - 2.56$

$\quad\quad = 254.64(\text{m}^2)$

（2）玻化砖踢脚线

$L = [(13 - 0.24 - 0.04) + (20.5 - 0.24 - 0.04)] \times 2 - 4$

$\quad\quad = 61.88(\text{m})$

$S = 61.88 \times 0.15$

$\quad\quad = 9.28(\text{m}^2)$

（3）墙面一般抹灰

$S = [(13 - 0.24) + (20.5 - 0.24)] \times 2 \times 3.6 - 80 + 11$

$\quad\quad = 168.74(\text{m}^2)$

（4）花岗石柱面

$S = [0.8 + (0.05 + 0.03) \times 2] \times 4 \times 3.6 \times 4$

$\quad\quad = 55.30(\text{m}^2)$

（5）轻钢龙骨石膏板吊顶顶棚

$257.198 - 0.8 \times 0.8 \times 4 - 7$

$= 257.198 - 2.56 - 7$

$= 247.64(\text{m}^2)$

（6）墙面喷刷涂料

$168.744 + 15$

$= 183.74(\text{m}^2)$

（7）顶棚喷刷涂料

$257.198 - (0.8 + 0.05 \times 2 + 0.03 \times 2) \times (0.8 + 0.05 \times 2 + 0.03 \times 2) \times 4 - 7$

$= 257.198 - 3.6864 - 7$

$= 246.51(\text{m}^2)$

清单工程量计算表见表 2-11。

表 2-11 清单工程量计算表（三）

序号	项目编码	项目名称	项目特征描述	计量单位	工程量
1	011102003001	块料楼地面	1. 找平层厚度、砂浆配合比:20mm 厚 1:3 水泥砂浆 2. 结合层、砂浆配合比:20mm 厚 1:2 干硬性水泥砂浆 3. 面层品种、规格、颜色:米色玻化砖(详见设计图样)	254.64	m²
2	011105003001	块料踢脚线	1. 踢脚线高度:150mm 2. 粘接层厚度、材料种类:4mm 厚纯水泥浆(42.5 级水泥中掺 20% 白乳胶) 3. 面层材料种类:玻化砖面层,白水泥擦缝	9.28	m²
3	011201001001	墙面一般抹灰	1. 墙体类型:综合 2. 底层厚度、砂浆配合比:9mm 厚 1:1:6 混合砂浆打底,7mm 厚 1:1:6 混合砂浆垫层 3. 面层厚度、砂浆配合比:5mm 厚 1:0.3:2.5 混合砂浆	168.74	m²
4	011205001001	石材柱面	1. 柱截面类型、尺寸:800mm × 800mm 矩形柱 2. 安装方式:挂贴,石材与柱结构面之间 50mm 的空隙灌填 1:3 水泥砂浆 3. 缝宽、嵌缝材料种类:密缝,白水泥擦缝	55.30	m²
5	011302001001	吊顶顶棚	1. 吊顶形式、吊杆规格、高度:φ6.5 吊杆,高度 900mm 2. 龙骨材料种类、规格、中距:轻钢龙骨规格中距详见设计图样 3. 面层材料种类、规格:厚纸面石膏板 1200mm × 2400mm × 12mm	247.64	m²

（续）

序号	项目编码	项目名称	项目特征描述	计量单位	工程量
6	011407001001	墙面喷刷涂料	1. 基层类型:抹灰面 2. 喷刷涂料部位:内墙面 3. 腻子种类:成品腻子 4. 刮腻子要求:符合施工及验收规范的平整度 5. 涂料品种、喷刷遍数:乳胶漆底漆一遍、面漆两遍	183.74	m²
7	011407002001	顶棚喷刷涂料	1. 基层类型:石膏板面 2. 喷刷涂料部位:顶棚 3. 腻子种类:成品腻子 4. 刮腻子要求:符合施工及验收规范的平整度 5. 涂料品种、喷刷遍数:乳胶漆底漆一遍、面漆两遍	246.51	m²

实例18：某装饰工程二层大厅大理石地面的工程量清单编制

某装饰工程二层大厅楼地面面积为 462m²，设计为大理石拼花图案，地面中有直径为 1.4m 的钢筋混凝土柱 8 根，楼面水泥砂浆找平层 18mm 厚。大理石图案为圆形，直径 1.6m，图案外边线 2.4m×2.4m，共 6 个，其余为规格块料点缀图案，规格块料 550mm× 550mm，点缀 134 个，规格为 95mm×95mm。试计算大理石地面工程量并编制工程量清单。

【解】

大理石地面工程量：

$462 - 8 \times 3.14 \times 0.7^2$

$= 462 - 12.3088$

$= 449.69(\mathrm{m}^2)$

清单工程量计算表见表 2-12。

表 2-12　清单工程量计算表（四）

项目编号	项目名称	项目特征描述	计量单位	工程量
011102001001	石材楼地面	1. 面层形式、材料种类、规格:大理石地面拼花图案、规格块料、点缀 2. 结合层材料种类:水泥砂浆	m²	449.69

实例19：建筑物地面采用水泥砂浆花岗石的工程量清单编制

图 2-20 为某建筑物平面示意图，建筑物地面 1:2 水泥砂浆 550mm×550mm 花岗石，踢脚线高 200mm，用同种花岗石铺贴；地面找平层 1:3 水泥砂浆 25mm 厚，墙厚 240mm。求该工程清单项目（设计要求部分地面特殊磨花，每 100m² 消耗人工 2 日、钻磨机 2 个台班）。

门的宽度：M1：1.30m；M2：1.10m；M3：0.80m；M4：1.30m。

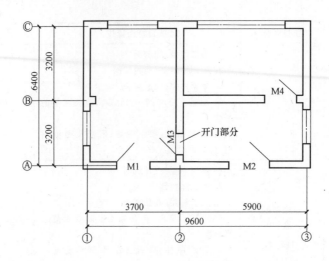

图 2-20　某建筑物平面示意图（单位：mm）

【解】

（1）花岗石地面面积清单工程量

$S_1 = (9.6 + 0.24) \times (6.4 + 0.24) - [(9.6 + 6.4) \times 2 + 6.4 - 0.24 + 5.9 - 0.24] \times 0.24$

$\quad = 65.3376 - 10.5168$

$\quad = 54.82(m^2)$

（2）踢脚线面积清单工程量

$S_2 = [(3.7 - 0.24) \times 2 + (6.4 - 0.24) \times 2 + (5.9 - 0.24) \times 4 + (3.2 - 0.24) \times 4$

$\quad - (1.3 + 1.1 + 0.80 + 1.3) + 0.24 \times 4] \times 0.2$

$\quad = (6.92 + 12.32 + 22.64 + 11.84 - 4.5 + 0.96) \times 0.2$

$\quad = 10.04(m^2)$

清单工程量计算表见表 2-13。

表 2-13　清单工程量计算表（五）

序号	项目编码	项目名称	项目特征描述	计量单位	工程量
1	011102003001	块料楼地面	1:3 水泥砂浆找平层厚 25mm，1:25 水泥砂浆铺贴花岗石（550mm×550mm）	m^2	54.82
2	011105003001	块料踢脚线	1:2 水泥砂浆铺贴花岗石高 200mm	m^2	10.04

实例 20：某大楼的扶手栏杆工程量清单编制

某大楼如图 2-21 所示有等高的八跑楼梯，均采用不锈钢管扶手栏杆，每跑楼梯高为 3.20m，每跑楼梯扶手水平长度为 3.90m，扶手转弯处为 0.34m，最后一跑楼梯连接的水平安全栏杆长 1.70m。计算该大楼的扶手栏杆工程量并编制工程量清单。

【解】

扶手栏杆工程量：

$\sqrt{3.2^2 + 3.9^2} \times 6 + 0.34 \times 5 + 1.70$

$= 5.0448 \times 6 + 1.7 + 1.70$

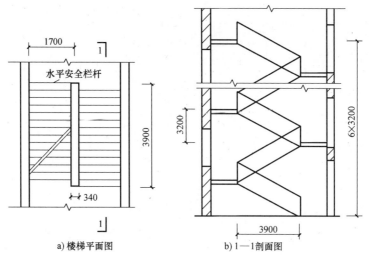

a) 楼梯平面图   b) 1—1剖面图

图 2-21　等高八跑楼梯示意图（单位：mm）

$= 33.67(\mathrm{m})$

清单工程量计算表见表 2-14。

表 2-14　清单工程量计算表（六）

项目编号	项目名称	项目特征描述	计量单位	工程量
011503001001	金属扶手、栏杆、栏板	扶手、栏杆:不锈钢管	m	33.67

实例 21：某卫生间地面工程量清单编制

某卫生间地面做的法是：清理基层，刷素水泥浆，用 1:3 水泥砂浆粘贴马赛克面层，如图 2-22 所示。编制卫生间地面工程量清单（墙厚是 240mm，门洞口宽度均是 950mm）。

【解】

卫生间地面清单工程量：

$(3.3 - 0.24) \times (3.1 - 0.24) \times 2 + (2.9 - 0.24) \times (3.1 \times 2 - 0.24) + 0.95 \times 0.24 \times 2$
$- 0.55 \times 0.55$

$= 3.06 \times 2.86 \times 2 + 2.66 \times 5.96 + 0.456 - 0.3025$

$= 17.5032 + 15.8536 + 0.456 - 0.3025$

$= 33.51(\mathrm{m}^2)$

清单工程量计算表见表 2-15。

表 2-15　清单工程量计算表（七）

项目编号	项目名称	项目特征描述	计量单位	工程量
011102003001	块料楼地面	面层材料品种、规格:陶瓷锦砖;结合层材料种类:水泥砂浆 1:3	m²	33.51

实例 22：某建筑走廊的工程量清单编制

图 2-23 所示为××办公楼二层平面示意图，请计算此办公楼的二层房间（不含卫生

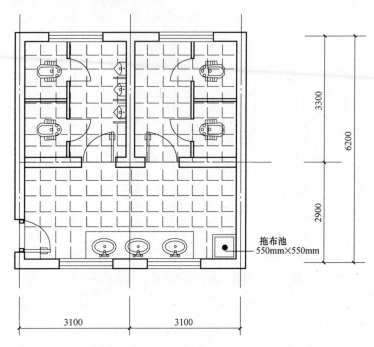

图 2-22　某卫生间地面铺贴（单位：mm）

间）和走廊地面整体面层、找平层以及走廊水泥砂浆踢脚线的工程量（其做法为：1:2.5 的水泥砂浆面层厚度为 23mm，素水泥浆一道；C25 细石混凝土找平层厚度为 36mm；水泥砂浆踢脚线高 130mm）。

【解】

（1）走廊地面整体面层工程量

$(3.1-0.24)\times(6.3-0.24)+(6.3-0.24)\times(4.8-0.24)+(3.1-0.24)\times(4.8-0.24)+(6.3-0.24)\times(4.8-0.24)+(3.1-0.24)\times(4.8-0.24)+(3.1-0.24)\times(6.3-0.24)+(6.3+3.1+3.1+3.1+6.3+3.1-0.24)\times(1.5-0.24)=116.30(m^2)$

$=2.86\times6.06+6.06\times4.56+2.86\times4.56+6.06\times4.56+2.86\times4.56+2.86\times6.06$
$\quad+24.76\times1.26$

$=17.3316+27.6336+13.0416+27.6336+13.0416+17.3316+31.1976$

$=147.21(m^2)$

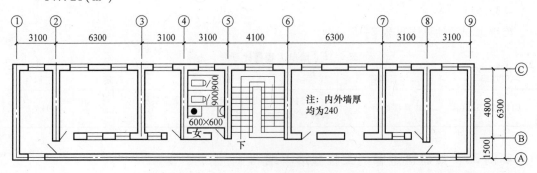

图 2-23　××办公楼二层平面示意图（单位：mm）

（2）走廊地面找平层工程量

（3.1－0.24）×（6.3－0.24）＋（6.3－0.24）×（4.8－0.24）＋（3.1－0.24）×（4.8－0.24）＋（6.3－0.24）×（4.8－0.24）＋（3.1－0.24）×（4.8－0.24）＋（3.1－0.24）×（6.3－0.24）＋（6.3＋3.1＋3.1＋3.1＋6.3＋3.1－0.24）×（1.5－0.24）＝116.30（m²）

$\quad$＝2.86×6.06＋6.06×4.56＋2.86×4.56＋6.06×4.56＋2.86×4.56＋2.86×6.06

$\quad\quad$＋24.76×1.26

$\quad$＝17.3316＋27.6336＋13.0416＋27.6336＋13.0416＋17.3316＋31.1976

$\quad$＝147.21（m²）

（3）走廊水泥砂浆踢脚线工程量

（3.1－0.24＋6.3－0.24）×2＋（6.3－0.24＋4.8－0.24）×2＋（3.1－0.24＋4.8－0.24）×2＋（6.3－0.24＋4.8－0.24）×2＋（3.1－0.24＋4.8－0.24）×2＋（3.1－0.24＋6.3－0.24）×2＋（6.3＋3.1＋3.1＋3.1＋6.3＋3.1－0.24＋1.5－0.24）×2－4.1

$\quad$＝17.84＋21.24＋14.84＋21.24＋14.84＋17.84＋52.04－4.1

$\quad$＝155.78（m）

清单工程量计算表见表2-16。

表2-16 清单工程量计算表（八）

序号	项目编码	项目名称	项目特征描述	计量单位	工程量
1	011101001001	水泥砂浆楼地面	1.素水泥浆遍数：一道 2.面层厚度、砂浆配合比：1:2.5 的水泥砂浆面层厚度为 23mm	m²	147.21
2	011101006001	平面砂浆找平层	C25 细石混凝土找平层厚度为 36mm	m²	147.21
3	011105001001	水泥砂浆踢脚线	水泥砂浆踢脚线高 130mm	m	155.78

实例23：某建筑大理石台阶的工程量清单编制

某建筑大理石台阶示意图如图2-24所示。入口地面做法为：清理基层，刷素水泥浆，1:3水泥砂浆，水泥砂浆粘贴650mm×650mm大理石地面及大理石台阶。试计算其清单工程量并编制清单表。

【解】

（1）石材楼地面清单工程量

（1.75－0.38）×（5.9－0.38×6）

$\quad$＝1.37×（5.9－2.28）

$\quad$＝4.96（m²）

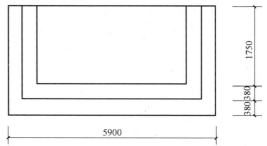

图2-24 某建筑大理石台阶示意图（单位：mm）

（2）石材台阶面清单工程量

（1.75＋0.38×2）×5.9－4.96

$\quad$＝14.809－4.96

$\quad$＝9.85（m²）

清单工程量计算表见表2-17。

表 2-17　清单工程量计算表（九）

序号	项目编码	项目名称	项目特征描述	计量单位	工程量
1	011102001001	石材楼地面	1. 面层材料品种、规格：650mm × 650mm 大理石板 2. 结合层材料种类：1∶3 水泥砂浆	m²	4.96
2	011107001001	石材台阶面	1. 面层材料品种、规格：大理石板 2. 结合层材料种类：1∶3 水泥砂浆	m²	9.85

实例 24：某会议室地面的工程量清单编制

图 2-25 为某会议室地面铺贴。其地面做法为：拆除原有架空木地板，清理基层：用塑料黏结剂粘贴防静电地毯面层。根据图示尺寸，试计算该会议室地面的工程量并编制清单表。

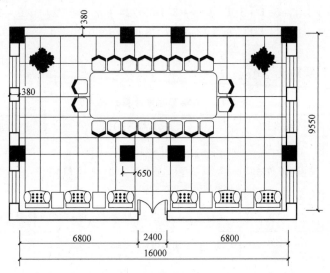

图 2-25　某会议室地面铺贴（单位：mm）

【解】

地面铺贴清单工程量：

$$= 16.0 \times 9.55 - [0.65 \times 0.65 \times 2 + (0.65 - 0.38) \times 0.65 \times 4] + 0.38 \times 2.4$$

$$= 152.8 - (0.845 + 0.702) + 0.912$$

$$= 152.17 (\text{m}^2)$$

清单工程量计算表见表 2-18。

表 2-18　清单工程量计算表（十）

项目编号	项目名称	项目特征描述	计量单位	工程量
011104001001	地毯楼地面	1. 拆除带木龙骨地板 2. 面层材料品种：防静电地毯 3. 黏结材料种类：塑料黏结剂	m²	152.17

实例 25：某歌厅地面圆舞池的工程量清单编制

某歌厅地面圆舞池要铺贴 550mm × 550mm 花岗石板，石材表面要刷保护液，舞池中心及条带贴 10mm 厚 450mm × 450mm 单层钢化镭射玻璃砖，圆舞池以外地面铺贴带胶垫羊毛地毯，如图 2-26 所示。试计算该歌厅地面圆舞池的工程量并编制清单表。

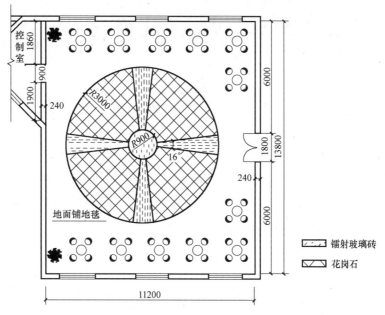

图 2-26 某歌厅地面铺贴（单位：mm）

【解】

（1）钢化镭射玻璃砖清单工程量

$3.14 \times 0.90^2 + (16 \div 360) \times 3.14 \times (3^2 - 0.90^2)$

$= 2.5434 + 0.13956 \times (9 - 0.81)$

$= 3.69(\text{m}^2)$

（2）花岗石楼地面清单工程量

$3.14 \times 3^2 - 3.69 = 24.57(\text{m}^2)$

（3）楼地面地毯清单工程量

$13.8 \times 11.2 + 0.12 \times (1.8 + 0.9) - 3.14 \times 3^2$

$= 154.56 + 0.324 - 28.26$

$= 126.62(\text{m}^2)$

清单工程量计算表见表 2-19。

表 2-19 清单工程量计算表（十一）

序号	项目编码	项目名称	项目特征描述	计量单位	工程量
1	011102003001	块料楼地面	面层材料品种、规格：10mm 厚 450mm×450mm 单层钢化镭射玻璃砖；粘结层材料种类：玻璃胶	m²	3.69
2	011102001001	石材楼地面	面层材料品种、规格：550mm×550mm 花岗石板；结合层材料种类：粘结层水泥砂浆 1:3；酸洗、打蜡要求；石材表面刷保护液	m²	24.57
3	011104001001	地毯楼地面	面层材料品种、规格：羊毛地毯；粘结材料种类：地毯胶垫固定安装	m²	126.62

第3章 墙、柱面工程

3.1 墙、柱面工程清单工程量计算规则

1. 墙面抹灰

墙面抹灰工程量清单项目的设置、项目特征描述的内容、计量单位、工程量计算规则应按表3-1的规定执行。

表3-1 墙面抹灰（编码：011201）

项目编码	项目名称	项目特征	计量单位	工程量计算规则	工程内容
011201001	墙面一般抹灰	1. 墙体类型 2. 底层厚度、砂浆配合比 3. 面层厚度、砂浆配合比 4. 装饰面材料种类 5. 分格缝宽度、材料种类	m²	按设计图示尺寸以面积计算。扣除墙裙、门窗洞口及单个>0.3m²的孔洞面积,不扣除踢脚线、挂镜线和墙与构件交接处的面积,门窗洞口和孔洞的侧壁及顶面不增加面积。附墙柱、梁、垛、烟囱侧壁并入相应的墙面面积内 1. 外墙抹灰面积按外墙垂直投影面积计算 2. 外墙裙抹灰面积按其长度乘以高度计算	1. 基层清理 2. 砂浆制作、运输 3. 底层抹灰 4. 抹面层 5. 抹装饰面 6. 勾分格缝
011201002	墙面装饰抹灰				
011201003	墙面勾缝	1. 墙体类型 2. 找平的砂浆厚度、配合比		3. 内墙抹灰面积按主墙间的净长乘以高度计算 1)无墙裙的,高度按室内楼地面至顶棚底面计算 2)有墙裙的,高度按墙裙顶至顶棚底面计算	1. 基层清理 2. 砂浆制作、运输 3. 勾缝
011201004	立面砂浆找平层	1. 墙体类型 2. 勾缝材料种类		3)有吊顶顶棚抹灰,高度算至顶棚底 4. 内墙裙抹灰面积按内墙净长乘以高度计算	1. 基层清理 2. 砂浆制作、运输 3. 抹灰找平

注：1. 立面砂浆找平项目适用于仅做找平层的立面抹灰。
    2. 墙面抹石灰砂浆、水泥砂浆、混合砂浆、聚合物水泥砂浆、麻刀石灰浆、石膏灰浆等按本表中墙面一般抹灰列项；墙面水刷石、斩假石、干粘石、假面砖等按本表中墙面装饰抹灰列项。
    3. 飘窗凸出外墙面增加的抹灰并入外墙工程量内。
    4. 有吊顶顶棚的内墙面抹灰,抹至吊顶以上部分在综合单价中考虑。

2. 柱（梁）面抹灰

柱（梁）面抹灰工程量清单项目的设置、项目特征描述的内容、计量单位、工程量计算规则应按表3-2的规定执行。

3. 零星抹灰

零星抹灰工程量清单项目的设置、项目特征描述的内容、计量单位、工程量计算规则应按表3-3的规定执行。

表 3-2 柱（梁）面抹灰（编码：011202）

项目编码	项目名称	项目特征	计量单位	工程量计算规则	工程内容
011202001	柱、梁面一般抹灰	1. 柱体类型 2. 底层厚度、砂浆配合比 3. 面层厚度、砂浆配合比 4. 装饰面材料种类 5. 分格缝宽度、材料种类	m²	1. 柱面抹灰：按设计图示柱断面周长乘高度以面积计算 2. 梁面抹灰：按设计图示梁断面周长乘长度以面积计算	1. 基层清理 2. 砂浆制作、运输 3. 底层抹灰 4. 抹面层 5. 勾分格缝
011202002	柱、梁面装饰抹灰				
011202003	柱、梁面砂浆找平	1. 柱体类型 2. 找平的砂浆厚度、配合比			1. 基层清理 2. 砂浆制作、运输 3. 抹灰找平
011202004	柱、梁面勾缝	1. 勾缝类型 2. 勾缝材料种类		按设计图示柱断面周长乘高度以面积计算	1. 基层清理 2. 砂浆制作、运输 3. 勾缝

注：1. 砂浆找平项目适用于仅做找平层的柱（梁）面抹灰。

2. 柱（梁）面抹灰石灰砂浆、水泥砂浆、混合砂浆、聚合物水泥砂浆、麻刀石灰浆、石膏灰浆等按本表中"柱（梁）面一般抹灰"编码列项；柱（梁）面水刷石、斩假石、干粘石、假面砖等按本表中"柱（梁）面装饰抹灰"的项目编码列项。

表 3-3 零星抹灰（编码：011203）

项目编码	项目名称	项目特征	计量单位	工程量计算规则	工程内容
011203001	零星项目一般抹灰	1. 墙体类型 2. 底层厚度、砂浆配合比 3. 面层厚度、砂浆配合比 4. 装饰面材料种类 5. 分格缝宽度、材料种类	m²	按设计图示尺寸以面积计算	1. 基层清理 2. 砂浆制作、运输 3. 底层抹灰 4. 抹面层 5. 抹装饰面 6. 勾分格缝
011203002	零星项目装饰抹灰				
011203003	零星项目砂浆找平	1. 基层类型 2. 找平的砂浆厚度、配合比			1. 基层清理 2. 砂浆制作、运输 3. 抹灰找平

注：1. 零星项目抹石灰砂浆、水泥砂浆、混合砂浆、聚合物水泥砂浆、麻刀石灰浆、石膏灰浆等按本表中"零星项目一般抹灰"的编码列项，水刷石、斩假石、干粘石、假面砖等按本表中零星项目装饰抹灰编码列项。

2. 墙、柱（梁）面面积≤0.5m²的少量分散的抹灰按本表中"零星抹灰"的项目编码列项。

4. 墙面块料面层

墙面块料面层工程量清单项目的设置、项目特征描述的内容、计量单位、工程量计算规则应按表3-4的规定执行。

5. 柱（梁）面镶贴块料

柱（梁）面镶贴块料工程量清单项目的设置、项目特征描述的内容、计量单位、工程量计算规则应按表3-5的规定执行。

6. 镶钻零星块料

镶钻零星块料工程量清单项目的设置、项目特征描述的内容、计量单位、工程量计算规则应按表3-6的规定执行。

表 3-4 墙面块料面层 （编码：011204）

项目编码	项目名称	项目特征	计量单位	工程量计算规则	工程内容
011204001	石材墙面	1. 墙体类型 2. 安装方式 3. 面层材料品种、规格、颜色 4. 缝宽、嵌缝材料种类 5. 防护材料种类 6. 磨光、酸洗、打蜡要求	m²	按镶贴表面积计算	1. 基层清理 2. 砂浆制作、运输 3. 粘结层铺贴 4. 面层安装 5. 嵌缝 6. 刷防护材料 7. 磨光、酸洗、打蜡
011204002	拼碎石材墙面				
011204003	块料墙面				
011204004	干挂石材钢骨架	1. 骨架种类、规格 2. 防锈漆品种遍数	t	按设计图示以质量计算	1. 骨架制作、运输、安装 2. 刷漆

注：1. 在描述碎块项目的面层材料特征时可不用描述规格、品牌、颜色。

　　2. 石材、块料与粘接材料的结合面刷防渗材料的种类在防护层材料种类中描述。

表 3-5 柱（梁）面镶贴块料 （编码：011205）

项目编码	项目名称	项目特征	计量单位	工程量计算规则	工程内容
011205001	石材柱面	1. 柱截面类型、尺寸 2. 安装方式 3. 面层材料品种、规格、颜色 4. 缝宽、嵌缝材料种类 5. 防护材料种类 6. 磨光、酸洗、打蜡要求	m²	按镶贴表面积计算	1. 基层清理 2. 砂浆制作、运输 3. 粘结层铺贴 4. 面层安装 5. 嵌缝 6. 刷防护材料 7. 磨光、酸洗、打蜡
011205002	块料柱面				
011205003	拼碎块柱面				
011205004	石材梁面	1. 安装方式 2. 面层材料品种、规格、颜色 3. 缝宽、嵌缝材料种类 4. 防护材料种类 5. 磨光、酸洗、打蜡要求			
011205005	块料梁面				

注：1. 在描述碎块项目的面层材料特征时可不用描述规格、品牌、颜色。

　　2. 石材、块料与粘接材料的结合面刷防渗材料的种类在防护层材料种类中描述。

　　3. 柱梁面干挂石材的钢骨架按表 3-4 相应项目编码列项。

表 3-6 镶贴零星块料 （编码：011206）

项目编码	项目名称	项目特征	计量单位	工程量计算规则	工程内容
011206001	石材零星项目	1. 基层类型、部位 2. 安装方式 3. 面层材料品种、规格、颜色 4. 缝宽、嵌缝材料种类 5. 防护材料种类 6. 磨光、酸洗、打蜡要求	m²	按镶贴表面积计算	1. 基层清理 2. 砂浆制作、运输 3. 面层安装 4. 嵌缝 5. 刷防护材料 6. 磨光、酸洗、打蜡
011206002	块料零星项目				
011206003	拼碎块零星项目				

注：1. 在描述碎块项目的面层材料特征时可不用描述规格、品牌、颜色。

　　2. 石材、块料与粘接材料的结合面刷防渗材料的种类在防护层材料种类中描述。

　　3. 零星项目干挂石材的钢骨架按表 3-4 相应项目编码列项。

　　4. 墙柱面面积≤0.5m²的少量分散的镶贴块料面层应按零星项目执行。

7. 墙饰面

墙饰面工程量清单项目的设置、项目特征描述的内容、计量单位、工程量计算规则应按表 3-7 的规定执行。

表 3-7 墙饰面（编码：011207）

项目编码	项目名称	项目特征	计量单位	工程量计算规则	工程内容
011207001	墙面装饰板	1. 龙骨材料种类、规格、中距 2. 隔离层材料种类、规格 3. 基层材料种类、规格 4. 面层材料品种、规格、颜色 5. 压条材料种类、规格	m²	按设计图示墙净长乘净高以面积计算。扣除门窗洞口及单个 > 0.3m² 的孔洞所占面积	1. 基层清理 2. 龙骨制作、运输、安装 3. 钉隔离层 4. 基层铺钉 5. 面层铺贴
011207002	墙面装饰浮雕	1. 基层类型 2. 浮雕材料种类 3. 浮雕样式		按设计图示尺寸以面积计算	1. 基层清理 2. 材料制作、运输 3. 安装成型

8. 柱（梁）饰面

柱（梁）饰面工程量清单项目的设置、项目特征描述的内容、计量单位、工程量计算规则应按表 3-8 的规定执行。

表 3-8 柱（梁）饰面（编码：011208）

项目编码	项目名称	项目特征	计量单位	工程量计算规则	工程内容
011208001	柱（梁）面装饰	1. 龙骨材料种类、规格、中距 2. 隔离层材料种类 3. 基层材料种类、规格 4. 面层材料品种、规格、颜色 5. 压条材料种类、规格	m²	按设计图示饰面外围尺寸以面积计算。柱帽、柱墩并入相应柱饰面工程量内	1. 清理基层 2. 龙骨制作、运输、安装 3. 钉隔离层 4. 基层铺钉 5. 面层铺贴
011208002	成品装饰柱	1. 柱截面、高度尺寸 2. 柱材质	1. 根 2. m	1. 以根计算，按设计数量计算 2. 以米计算，按设计长度计算	柱运输、固定、安装

9. 幕墙工程

幕墙工程工程量清单项目的设置、项目特征描述的内容、计量单位、工程量计算规则应按表 3-9 的规定执行。

10. 隔断

隔断工程量清单项目的设置、项目特征描述的内容、计量单位、工程量计算规则应按表 3-10 的规定执行。

表 3-9　幕墙工程（编码：011209）

项目编码	项目名称	项目特征	计量单位	工程量计算规则	工程内容
011209001	带骨架幕墙	1. 骨架材料种类、规格、中距 2. 面层材料品种、规格、颜色 3. 面层固定方式 4. 隔离带、框边封闭材料品种、规格 5. 嵌缝、塞口材料种类	m²	按设计图示框外围尺寸以面积计算。与幕墙同种材质的窗所占面积不扣除	1. 骨架制作、运输、安装 2. 面层安装 3. 隔离带、框边封闭 4. 嵌缝、塞口 5. 清洗
011209002	全玻（无框玻璃）幕墙	1. 玻璃品种、规格、颜色 2. 粘结塞口材料种类 3. 固定方式		按设计图示尺寸以面积计算。带肋全玻幕墙按展开面积计算	1. 幕墙安装 2. 嵌缝、塞口 3. 清洗

注：幕墙钢骨架按表 3-4 干挂石材钢骨架编码列项。

表 3-10　隔断（编码：011210）

项目编码	项目名称	项目特征	计量单位	工程量计算规则	工程内容
011210001	木隔断	1. 骨架、边框材料种类、规格 2. 隔板材料品种、规格、颜色 3. 嵌缝、塞口材料品种 4. 压条材料种类	m²	按设计图示框外围尺寸以面积计算。不扣除单个≤0.3m²的孔洞所占面积；浴厕门的材质与隔断相同时，门的面积并入隔断面积内	1. 骨架及边框制作、运输、安装 2. 隔板制作、运输、安装 3. 嵌缝、塞口 4. 装钉压条
011210002	金属隔断	1. 骨架、边框材料种类、规格 2. 隔板材料品种、规格、颜色 3. 嵌缝、塞口材料品种			1. 骨架及边框制作、运输、安装 2. 隔板制作、运输、安装 3. 嵌缝、塞口
011210003	玻璃隔断	1. 边框材料种类、规格 2. 玻璃品种、规格、颜色 3. 嵌缝、塞口材料品种		按设计图示框外围尺寸以面积计算。不扣除单个≤0.3m²的孔洞所占面积	1. 边框制作、运输、安装 2. 玻璃制作、运输、安装 3. 嵌缝、塞口
011210004	塑料隔断	1. 边框材料种类、规格 2. 隔板材料品种、规格、颜色 3. 嵌缝、塞口材料品种			1. 骨架及边框制作、运输、安装 2. 隔板制作、运输、安装 3. 嵌缝、塞口
011210005	成品隔断	1. 隔断材料品种、规格、颜色 2. 配件品种、规格	1. m² 2. 间	1. 按设计图示框外围尺寸以面积计算 2. 按设计间的数量以间计	1. 隔断运输、安装 2. 嵌缝、塞口
011210006	其他隔断	1. 骨架、边框材料种类、规格 2. 隔板材料品种、规格、颜色 3. 嵌缝、塞口材料品种	m²	按设计图示框外围尺寸以面积计算。不扣除单个≤0.3m²的孔洞所占面积	1. 骨架及边框安装 2. 隔板安装 3. 嵌缝、塞口

3.2 墙、柱面工程定额工程量计算规则

1. 墙、柱面装饰与隔断、幕墙工程定额说明

1）《全国统一建筑装饰装修工程消耗量定额》墙柱面装饰工程定额项目共分为四类281个项目，如图3-1所示。

2）该定额凡注明砂浆种类、配合比、饰面材料及型材的型号规格与设计不同时，可按设计规定调整，但人工、机械消耗量不变。

3）抹灰砂浆厚度，如设计与定额取定不同时，除定额有注明厚度的项目可以换算外，其他一律不作调整，见表3-11。

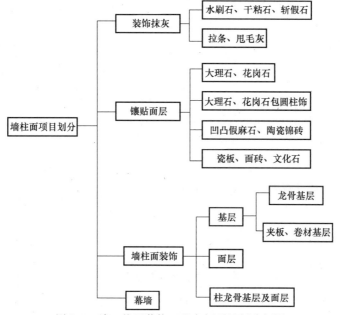

图3-1 墙、柱面装饰工程定额项目划分框图

表3-11 抹灰砂浆定额厚度取定表

定额编号	项 目		砂 浆	厚度/mm
2-001	水刷豆石	砖、混凝土墙面	水泥砂浆 1:3	12
			水泥豆石浆 1:1.25	12
2-002		毛石墙面	水泥砂浆 1:3	18
			水泥豆石浆 1:1.25	12
2-005	水刷白石子	砖、混凝土墙面	水泥砂浆 1:3	12
			水泥白石子浆 1:1.5	10
2-006		毛石墙面	水泥砂浆 1:3	20
			水泥白石子浆 1:1.5	10
2-009	水刷玻璃碴	砖、混凝土墙面	水泥砂浆 1:3	12
			水泥玻璃碴浆 1:1.25	12
2-010		毛石墙面	水泥砂浆 1:3	18
			水泥玻璃碴浆 1:1.25	12

（续）

定额编号	项 目		砂浆	厚度/mm
2-013	干粘白石子	砖、混凝土墙面	水泥砂浆 1:3	18
2-014		毛石墙面	水泥豆石浆 1:3	30
2-017	干粘玻璃碴	砖、混凝土墙面	水泥砂浆 1:3	18
2-018		毛石墙面	水泥砂浆 1:3	30
2-021	斩假石	砖、混凝土墙面	水泥砂浆 1:3	12
			水泥白石子浆 1:1.5	10
2-022		毛石墙面	水泥砂浆 1:3	18
			水泥白石子浆 1:1.5	10
2-025	墙、柱面拉条	砖墙面	混合砂浆 1:0.5:2	14
			混合砂浆 1:0.5:1	10
2-026		混凝土墙面	水泥砂浆 1:3	14
			混合砂浆 1:0.5:1	10
2-027	墙、柱面甩毛	砖墙面	混合砂浆 1:1:6	12
			混合砂浆 1:1:4	6
2-028		混凝土墙面	水泥砂浆 1:3	10
			水泥砂浆 1:2.5	6

注：1. 每增减一遍素水泥浆或 107 胶素水泥浆，每平方米增减人工 0.01 工日，素水泥浆或 107 胶素水泥浆 0.0012m³。

2. 每增减 1mm 厚砂浆，每平方米增减砂浆 0.0012m³。

4）圆弧形、锯齿形等不规则墙面抹灰，镶贴块料按相应项目人工乘以系数 1.15，材料乘以系数 1.05。

5）离缝镶贴面砖定额子目，面砖消耗量分别按缝宽 5mm、10mm 和 20mm 考虑，如灰缝不同或灰缝超过 20mm 以上者，其块料及灰缝材料（水泥砂浆 1:1）用量允许调整，其他不变。

6）镶贴块料和装饰抹灰的"零星项目"适用于挑檐、天沟、腰线、窗台线、门窗套、压顶、扶手、雨篷周边等。

7）木龙骨基层是按双向计算的，如设计为单向时，材料、人工用量乘以系数 0.55。

8）定额木材种类除注明者外，均以一、二类木种为准，如采用三、四类木种时，人工及机械乘以系数 1.3。

9）面层、隔墙（间壁）、隔断（护壁）定额内，除注明者外均未包括压条、收边、装饰线（板），如设计要求时，应按《全国统一建筑装饰装修工程消耗量定额》第六章相应子目执行。

10）面层、木基层均未包括刷防火涂料，如设计要求时，应按《全国统一建筑装饰装修工程消耗量定额》第五章相应子目执行。

11）玻璃幕墙设计有平开、推拉窗者，仍执行幕墙定额，窗型材、窗五金相应增加，其他不变。

12）玻璃幕墙中的玻璃按成品玻璃考虑，幕墙中的避雷装置、防火隔离层定额已综合，但幕墙的封边、封顶的费用另行计算。

13）隔墙（间壁）、隔断（护壁）、幕墙等定额中龙骨间距、规格如与设计不同时，定额用量允许调整。

2. 墙、柱面装饰与隔断、幕墙工程定额工程量计算规则

1）外墙面装饰抹灰面积，按垂直投影面积计算，扣除门窗洞口和 0.3m² 以上的孔洞所占的面积，门窗洞口及孔洞侧壁面积亦不增加。附墙柱侧面抹灰面积并入外墙抹灰面积工程量内。

2）柱抹灰按结构断面周长乘以高度计算。

3）女儿墙（包括泛水、挑砖）、阳台栏板（不扣除花格所占孔洞面积）内侧抹灰按垂直投影面积乘以系数 1.10，带压顶者乘系数 1.30 按墙面定额执行。

4）"零星项目"按设计图示尺寸以展开面积计算。

5）墙面贴块料面层，按实贴面积计算。

6）墙面贴块料、饰面高度在 300mm 以内者，按踢脚板定额执行。

7）柱饰面面积按外围饰面尺寸乘以高度计算。

8）挂贴大理石、花岗石中其他零星项目的花岗石、大理石是按成品考虑的，花岗石、大理石柱墩、柱帽按最大外径周长计算。

9）除定额已列有柱帽、柱墩的项目外，其他项目的柱帽、柱墩工程量按设计图示尺寸以展开面积计算，并入相应廊柱面积内；每个柱帽或柱墩另增人工：抹灰 0.25 工日，块料 0.38 工日，饰面 0.5 工日。

10）隔断按墙的净长乘净高计算，扣除门窗洞口及 0.3m² 以上的孔洞所占面积。

11）全玻隔断的不锈钢边框工程量按边框展开面积计算。

12）全玻隔断、全玻幕墙如有加强肋者，工程量按其展开面积计算；玻璃幕墙、铝板幕墙以框外围面积计算。

13）装饰抹灰分格、嵌缝按装饰抹灰面积计算。

3.3 墙、柱面工程工程量清单编制实例

实例 1：某卫生间墙面水泥砂浆粘贴面砖的工程量计算

如图 3-2 所示，某卫生间墙面水泥砂浆粘贴 150mm×75mm 面砖，灰缝 8mm，计算该墙面粘贴面砖的工程量（门洞口以墙中心线为界）。（门尺寸 900mm×2000mm，窗尺寸 1600mm×1600mm，蹲位处设置台阶 $h=150$mm）

【解】

墙面水泥砂浆粘贴 150mm×75mm（灰缝 8mm）面砖：

$$S = (6.6+3.2) \times 2 \times 3 - 1.6 \times 1.6 \times 2 + 0.2 \times (1.6+1.6) \times 2 \times 2 - 0.9 \times 2 +$$
$$0.1 \times (2 \times 2 + 0.9) - 0.9 \times 6 \times 0.15 - (1.5+0.1) \times 0.15$$
$$= 58.8 - 5.12 + 2.56 - 1.8 + 0.49 - 0.81 - 0.24$$
$$= 53.88 (\text{m}^2)$$

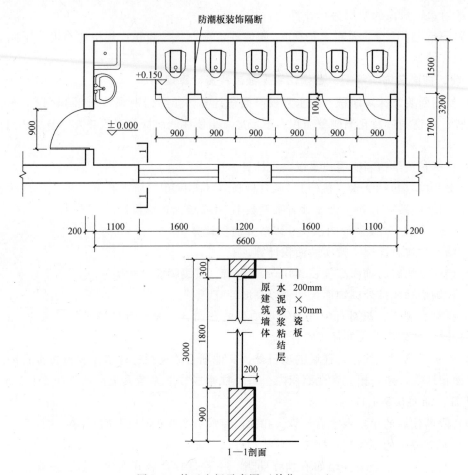

图 3-2　某卫生间示意图（单位：mm）

实例2：某大厅不锈钢边框全玻璃隔断的工程量计算

如图 3-3、图 3-4 所示为某大厅不锈钢边框全玻璃隔断，玻璃隔断为 15mm 厚，计算不锈钢边框和 15mm 钢化玻璃全玻璃隔断工程量。

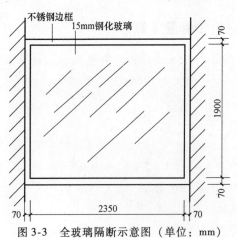

图 3-3　全玻璃隔断示意图（单位：mm）

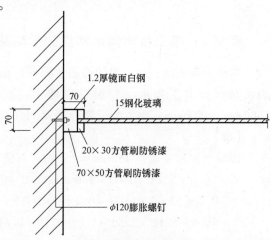

图 3-4　全玻璃隔断与墙连接示意图（单位：mm）

【解】

（1）不锈钢边框

$$S = 0.07 \times (2.42 + 1.97) \times 2 \times 2 + 0.03 \times 2 \times (2.35 + 1.9) \times 2 + 0.07 \times 2.49 \times 2$$
$$= 1.2292 + 0.51 + 0.3486$$
$$= 2.09(\text{m}^2)$$

【注释】 $2350 + 70 = 2420(\text{mm}) = 2.42(\text{m})$

（2）15mm 钢化玻璃

$$2.35 \times 1.9 = 4.47(\text{m}^2)$$

实例3：某室内墙面、墙裙的工程量计算

某工程如图3-5所示，室内墙面抹1:2水泥砂浆底，1:3石灰砂浆找平层，麻刀石灰浆面层，共20mm厚。室内墙裙采用1:3水泥砂浆打底（19mm厚），1:2.5水泥砂浆面层（6mm厚），计算室内墙面一般抹灰和室内墙裙工程量。

M：1300mm×2500mm 共3个

C：1400mm×1500mm 共4个

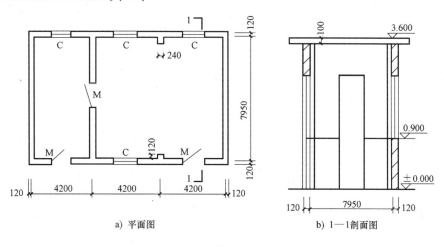

a) 平面图　　　　　b) 1—1剖面图

图3-5 某工程平面及剖面（单位：mm）

【解】

（1）墙面一般抹灰

$$S = [(4.2 \times 3 - 0.24 \times 2 + 0.12 \times 2) \times 2 + (7.95 - 0.24) \times 4] \times (3.6 - 0.1 - 0.9)$$
$$- 1 \times (2.5 - 0.9) \times 4 - 1.4 \times 1.5 \times 4$$
$$= (24.72 + 30.84) \times 2.6 - 6.4 - 8.4$$
$$= 129.66(\text{m}^2)$$

（2）墙裙抹灰工程

$$S = [(4.2 \times 3 - 0.24 \times 2 + 0.12 \times 2) \times 2 + (7.95 - 0.24) \times 4 - 1.3 \times 4] \times 0.9$$
$$= (24.72 + 30.84 - 5.2) \times 0.9$$
$$= 45.32(\text{m}^2)$$

实例 4：某工程室内墙面一般抹灰工程量计算

如图 3-6 所示，室内墙面为 1:2 水泥砂浆打底，1:3 石灰砂浆找平层，麻刀石灰浆面层共 18mm 厚。墙裙高度 800mm，采用 1:3 水泥砂浆打底（14mm 厚），1:2.5 水泥砂浆面层（6mm 厚），计算定额工程量。（其中：门扇居中，门框 80mm 厚，门洞尺寸：1200mm×2200mm，窗尺寸：1500mm×1800mm。）

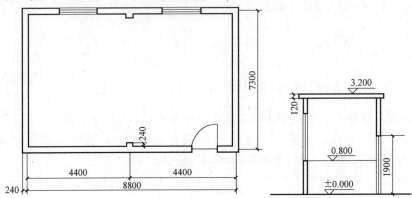

图 3-6　某建筑平面图（单位：mm）

【解】

（1）墙面抹灰：

$$S = \left[(8.8 - 0.24) + (7.3 - 0.24) \right] \times 2 \times (3.2 - 0.12 - 0.80) - 1.2 \times (1.9 - 0.80)$$
$$- 1.5 \times 1.8 \times 2 + 0.12 \times 2 \times (3.2 - 0.12 - 0.80) \times 2$$
$$= 31.24 \times 2.28 - 1.32 - 5.4 + 1.0944$$
$$= 65.60 (\text{m}^2)$$

（2）墙裙抹灰：

$$S = \left\{ \left[(8.8 - 0.24) + (7.3 - 0.24) \right] \times 2 - 1.2 + 0.08 \times 2 + 0.12 \times 2 \times 2 \right\} \times 0.80$$
$$= (31.24 - 1.2 + 0.16 + 0.48) \times 0.80$$
$$= 24.54 (\text{m}^2)$$

实例 5：某建筑物外墙装饰抹灰的工程量计算

如图 3-7 所示，为某建筑物外墙装饰抹灰示意图，试计算其工程量。

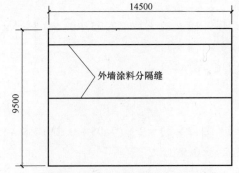

图 3-7　某建筑物外墙装饰抹灰示意图（单位：mm）

【解】

外墙装饰抹灰的工程量：

$14.5 \times 9.5 = 137.75(\text{m}^2)$

实例6：某外墙面水刷石装饰抹灰的工程量计算

如图3-8所示为某外墙面水刷石立面图，柱垛侧面宽160mm，试计算外墙面水刷石装饰抹灰的工程量。

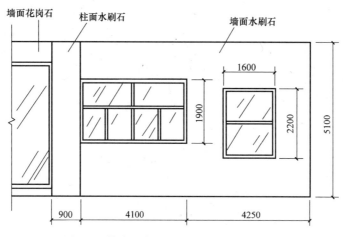

图3-8 外墙面水刷石立面图（单位：mm）

【解】

外墙面水刷石装饰抹灰的工程量：

$$S = 5.1 \times (4.1 + 4.25) - 4.1 \times 1.9 - 1.6 \times 2.2 + (0.9 + 0.16 \times 2) \times 5.1$$
$$= 42.585 - 7.79 - 3.52 + 6.222$$
$$= 37.497(\text{m}^2)$$

实例7：某墙面挂贴花岗石的工程量计算

已知××墙面挂贴花岗石，如图3-9所示。请计算其工程量。

【解】

墙面挂贴花岗石的工程量：

$1.75 \times 3.58 = 6.27(\text{m}^2)$

实例8：某室内木骨架全玻璃隔墙的工程量计算

如图3-10所示某室内木骨架全玻璃隔墙，试计算清单工程量。

【解】

室内木骨架全玻璃隔墙的工程量：

$S = 4.7 \times 3.9 - 2.3 \times 1.2$

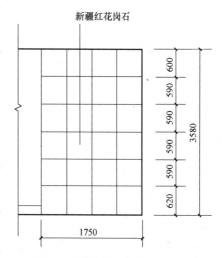

图3-9 墙面挂贴花岗石立面图
（单位：mm）

$$= 18.33 - 2.76$$
$$= 15.57(\text{m}^2)$$

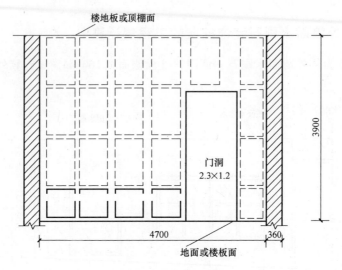

图 3-10　某室内立面图（单位：mm）

实例9：某玻璃幕墙的工程量计算

如图 3-11 所示一玻璃幕墙示意图，试计算其工程量。

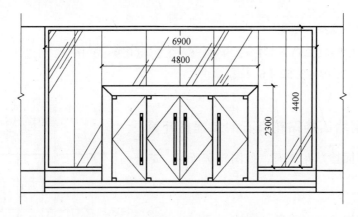

图 3-11　玻璃幕墙示意图（单位：mm）

【解】

玻璃幕墙的工程量：

$$S = 6.9 \times 4.4 - 4.8 \times 2.3$$
$$= 30.36 - 11.04$$
$$= 19.32(\text{m}^2)$$

实例10：某卫生间贴瓷砖的工程量计算

某卫生间的一侧墙面如图 3-12 所示，墙面贴 2.0m 高的白色瓷砖，窗侧壁贴瓷砖宽

120mm，试计算贴瓷砖的工程量。

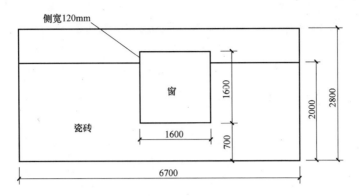

图 3-12 某卫生间一侧墙面示意图（单位：mm）

【解】

贴瓷砖的工程量：

$S = 6.7 \times 2.0 - 1.6 \times (2.0 - 0.7) + [(2.0 - 0.7) \times 2 + 1.6] \times 0.12$

$\quad = 13.4 - 2.08 + 0.504$

$\quad = 11.82(\text{m}^2)$

实例 11：圆柱挂贴柱面花岗石及成品花岗石线条工程量计算

已知一圆柱，高为 3.1m，如图 3-13 所示，试计算挂贴柱面花岗石及成品花岗石线条工程量。

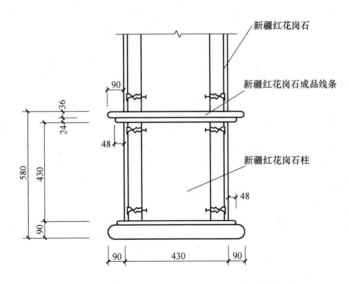

图 3-13 挂贴面花岗石柱及成品花岗石线条大样图（单位：mm）

【解】

（1）挂贴花岗石柱的工程量

$3.14 \times 0.43 \times 3.1$

$= 4.19(\mathrm{m}^2)$

（2）挂贴花岗石零星项目

$3.14 \times (0.43 + 0.09 \times 2) \times 2 + 3.14 \times (0.43 + 0.048 \times 2) \times 2$

$= 3.8303 + 3.30328$

$= 7.13(\mathrm{m})$

实例 12：某砖结构柱子的工程量计算

已知某砖结构加大柱子，柱高 3.3m，如图 3-14 所示，计算柱面水泥砂浆的工程量。

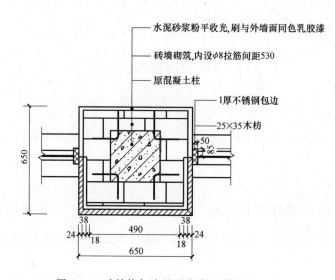

图 3-14　砖结构加大柱子方案（单位：mm）

【解】

柱面水泥砂浆的工程量：

$0.65 \times 4 \times 3.3 = 8.58(\mathrm{m}^2)$

实例 13：某会议室墙面装饰的工程量计算

如图 3-15 所示，某会议室墙面装饰，计算 A 立面墙面装饰的工程量。

【解】

（1）墙面轻钢龙骨工程量

$(1 + 0.27) \times 2 \times 3.8 = 9.65(\mathrm{m}^2)$

（2）墙面石膏板面层工程量

$(1 + 0.27) \times 2 \times 3.68 = 9.35(\mathrm{m}^2)$

（3）墙面石膏板基层工程量

$2.93 \times 3.8 \times 2 = 22.27(\mathrm{m}^2)$

（4）墙面丝绒饰面工程量

$2.93 \times 3.68 \times 2 = 21.57(\mathrm{m}^2)$

（5）墙面 30mm × 40mm 木龙骨平均中距 400mm × 400mm 的工程量

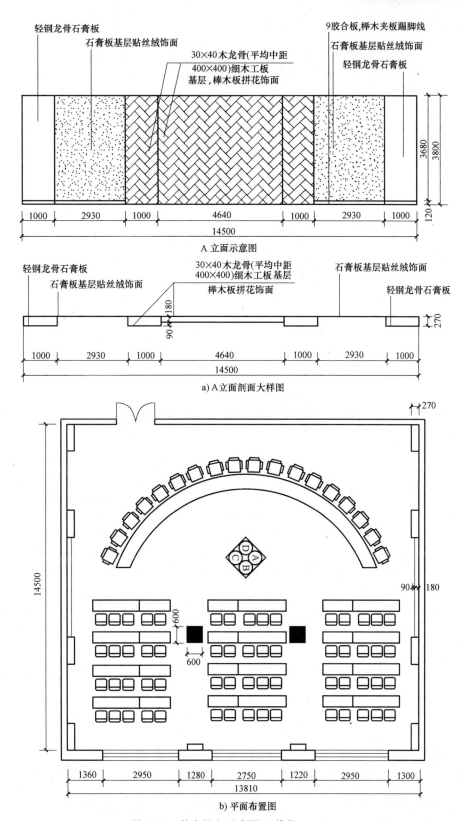

图 3-15 某会议室示意图（单位：mm）

$$[(0.27 + 1 + 0.09) \times 2 + 4.64] \times 3.8 = 27.97(\text{m}^2)$$

（6）墙面细木工板基层的工程量

$$[(0.27 + 1 + 0.09) \times 2 + 4.64] \times 3.8 = 27.97(\text{m}^2)$$

（7）墙面榉木拼花面层的工程量

$$[(0.27 + 1 + 0.09) \times 2 + 4.64] \times 3.8 = 27.97(\text{m}^2)$$

（8）9mm 胶合板榉木夹板踢脚线的工程量

$$[(1 + 0.27) \times 2 + 2.93 \times 2] \times 0.12$$

$$= (2.54 + 5.86) \times 0.12$$

$$= 1.01(\text{m}^2)$$

实例 14：墙饰画的工程量计算

如图 3-16 所示，该楼面在混合砂浆找平层上二次装修，试计算墙饰画的工程量。

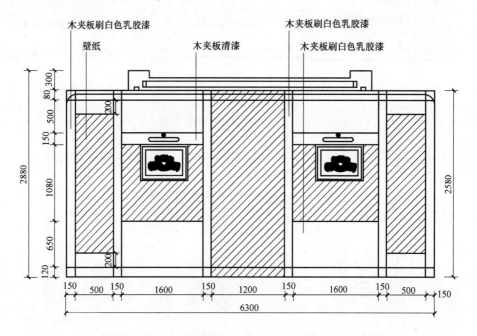

图 3-16 室内立面（单位：mm）

【解】

（1）壁纸饰面工程

$$S_1 = (2.58 - 0.12 - 0.2 \times 2 - 0.08) \times (0.5 + 0.5) + 2.58 \times 1.2 + 1.08 \times 1.6 \times 2$$

$$= 1.98 + 3.096 + 3.456$$

$$= 8.53(\text{m}^2)$$

（2）乳胶漆饰面工程

$$S_2 = 2.58 \times 0.15 \times 6 + (0.65 + 0.12 + 0.5 + 0.08) \times 1.6 \times 2 + (0.2 \times 2 + 0.12 + 0.08) \times 0.5 \times 2$$

$$= 2.322 + 4.32 + 0.6$$

$$= 7.24(\text{m}^2)$$

（3）清漆饰面工程

$S_3 = 1.6 \times 0.15 \times 2$

$\quad = 0.48 (\text{m}^2)$

实例 15：某墙面装饰的工程量计算

某墙面装饰，如图 3-17 所示，试计算墙面贴壁纸、铜丝网散热器罩、贴柚木板墙裙、木压条以及踢脚板的工程量。

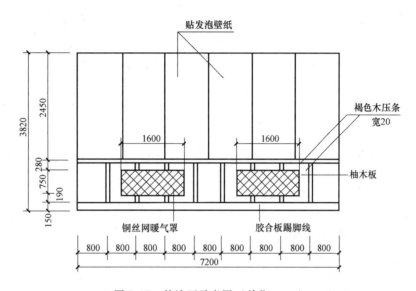

图 3-17　某墙面示意图（单位：mm）

【解】

（1）墙面贴壁纸的工程量

$S = 7.2 \times 2.45$

$\quad = 17.64 (\text{m}^2)$

（2）铜丝网散热器罩的工程量

$S = 1.6 \times 0.75 \times 2$

$\quad = 2.4 (\text{m}^2)$

（3）贴柚木板墙裙的工程量

$S = 7.2 \times (0.19 + 0.75 + 0.28) - 2.4$

$\quad = 6.38 (\text{m}^2)$

【注释】　2.4m^2 为暖气罩的工程量。

（4）木压条的工程量

$L = 7.2 + (0.19 + 0.75 + 0.28) \times 4 + 0.28 \times 4 + 0.19 \times 4$

$\quad = 7.2 + 4.88 + 1.12 + 0.76$

$\quad = 13.96 (\text{m})$

（5）踢脚板的工程量：7.2m

实例16：某内墙抹灰工程的工程量清单编制

某工程平面及剖面图如图3-18所示，墙面为混凝土墙面，内墙抹水泥砂浆抹灰高度为3000mm。试计算其工程量并编制工程量清单。

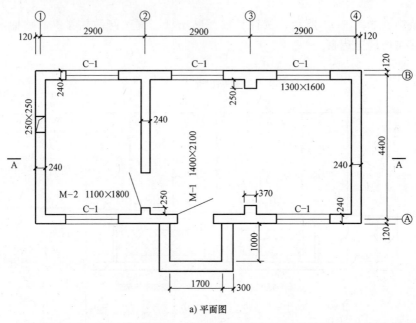

a) 平面图

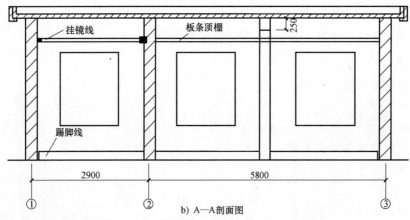

b) A—A剖面图

图3-18　某工程平面及剖面图（单位：mm）

【解】

内墙抹灰工程量：

$(5.8 + 0.25 \times 2 + 4.4) \times 2 \times 3 - 1.3 \times 1.6 \times 3 - 1.4 \times 2.1 - 1.1 \times 1.8 + (2.9 + 4.4) \times 2 \times 3.0$

$- 1.3 \times 1.6 \times 2 - 1.1 \times 1.8$

$= 64.2 - 6.24 - 2.94 - 1.98 + 43.8 - 4.16 - 1.98$

$= 90.7 \ (\text{m}^2)$

【注释】　需要扣除门窗的面积。

清单工程量计算表见表3-12。

表3-12 清单工程量计算表（一）

项目编号	项目名称	项目特征描述	计量单位	工程量
011201001001	墙面一般抹灰	1. 混凝土墙面 2. 内墙面抹1:3水泥砂浆,6mm厚	m²	90.7

实例17：不锈钢钢化玻璃隔断的工程量清单编制

如图3-19所示不锈钢钢化玻璃隔断，试计算其工程量并编制工程量清单。

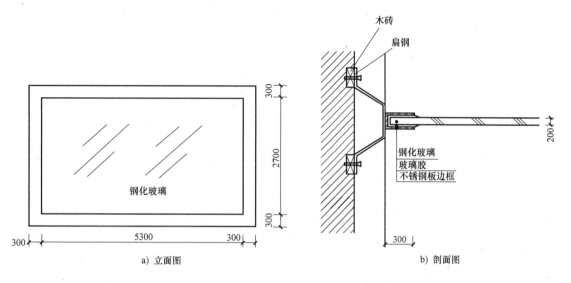

a) 立面图　　　　　　　　　　　b) 剖面图

图3-19 不锈钢钢化玻璃（单位：mm）

【解】

不锈钢钢化玻璃隔断的清单工程量：

$(5.3 + 0.30 \times 2) \times (2.7 + 0.30 \times 2)$

$= 5.9 \times 3.3$

$= 19.47 \ (\mathrm{m}^2)$

清单工程量计算表见表3-13。

表3-13 清单工程量计算表（二）

项目编号	项目名称	项目特征描述	计量单位	工程量
011210003001	玻璃隔断	1. 骨架边框:杉木锯材、单独不锈钢边框 2. 玻璃:12mm厚钢化玻璃、玻璃胶填缝	m²	19.47

实例18：某小区门卫室墙面一般抹灰的工程量清单编制

某小区门卫室，如图3-20所示。室内墙面抹1:2水泥砂浆打底，1:3石灰砂浆找平层，麻刀石灰浆面层，共20mm厚。踢脚线10mm高。外墙面1:1:6混合砂浆打底，15mm厚，水泥膏贴纸皮条形瓷砖。试计算其工程量并编制工程量清单。（已知：门洞尺寸 1300mm × 2400mm，窗 C_1 尺寸 1250mm × 1350mm，窗 C_2 尺寸 1400mm × 1700mm，门窗框厚均按 90mm 计，安装于墙体中间，墙厚 240mm，屋面板厚 100mm。）

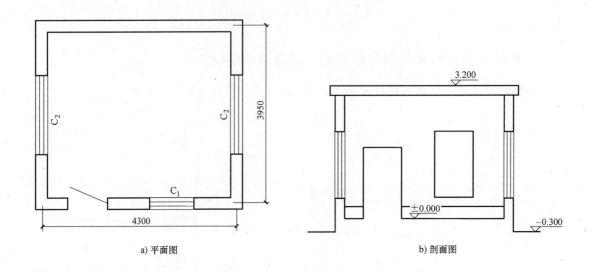

a) 平面图　　　　　　　　　　　　　　　b) 剖面图

图 3-20　某小区门卫室平面、剖面图（单位：mm）

【解】

墙面一般抹灰的工程量：

$(4.3 - 0.24 + 3.95 - 0.24) \times 2 \times (3.2 - 0.1) - 1.3 \times 2.4 - 1.25 \times 1.35 - 1.4 \times 1.7 \times 2$

$= 48.174 - 3.12 - 1.6875 - 4.76$

$= 38.61 \ (\mathrm{m}^2)$

清单工程量计算表见表 3-14。

表 3-14　清单工程量计算表（三）

项目编号	项目名称	项目特征描述	计量单位	工程量
011201001001	墙面一般抹灰	1:2 水泥砂浆打底,1:3 石灰砂浆找平层,麻刀石灰浆面层厚 20mm	m²	38.61

实例 19：某金属隔断的工程量清单编制

某铝合金玻璃隔断示意图如图 3-21 所示，试计算其工程量并编制工程量清单。

【解】

隔断工程量：

$(1.55 + 1.3) \times 7.32$

$= 20.86(\mathrm{m}^2)$

清单工程量计算表见表 3-15。

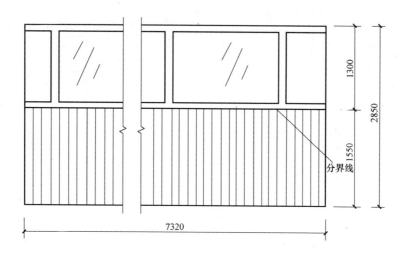

图 3-21 某铝合金玻璃隔断示意图（单位：mm）

表 3-15 清单工程量计算表（四）

项目编号	项目名称	项目特征描述	计量单位	工程量
011210002001	金属隔断	铝合金玻璃隔断	m²	20.86

实例 20：某大型影剧院墙体工程量清单编制

某大型影剧院如图 3-22 所示，为达到一定的听觉效果，墙体设计为锯齿形，外墙干挂石材，且要求密封。试计算其工程量并编制工程量清单。

【解】

墙体的清单工程量：

$$[2.2 \times 7 + \sqrt{3.5^2 + 0.5^2} \times 6 + 0.5 \times 6 + 23] \times 2 \times 11.2 - 2.7 \times 3.5 \times 12 \times 2 - 5 \times 3.5$$

$$= (15.4 + 21.213 + 23) \times 2 \times 11.2 - 226.8 - 17.5$$

$$= 1091.03 \ (m^2)$$

清单工程量计算见表 3-16。

表 3-16 清单工程量计算表（五）

项目编号	项目名称	项目特征描述	计量单位	工程量
011204001001	石材墙面	1. 面层材料种类：芝麻白大理石、印度红花岗石 2. 表面：表面密缝	m²	1091.03

实例 21：某小型住宅外墙工程量清单编制

图 3-23 为某小型住宅平面图。该住宅外墙顶面标高 3.0m，设计外墙面采用 1:1:6 混合砂浆打底 18mm 厚，水泥膏贴纸皮条形瓷砖；室外地坪标高 -0.3m。门、窗框厚均按 100mm 计，安装于墙体中间，墙厚 240mm。试计算其工程量并编制工程量清单。

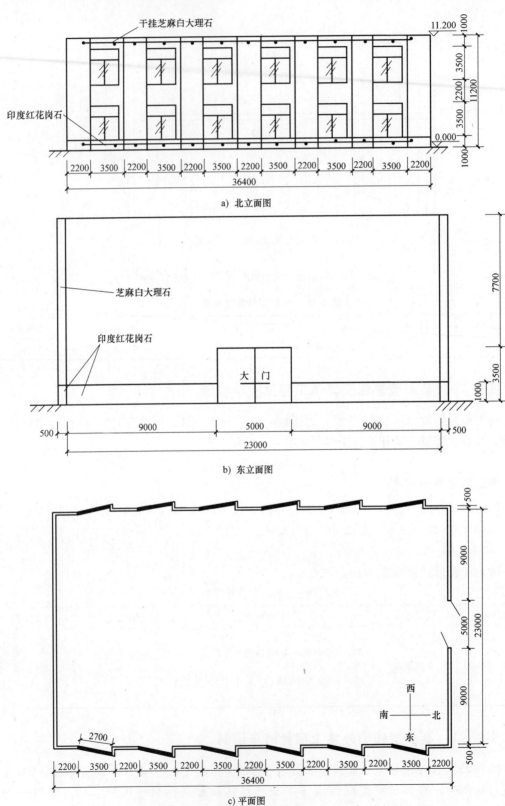

a) 北立面图

b) 东立面图

c) 平面图

图 3-22　某大型影剧院（单位：mm）

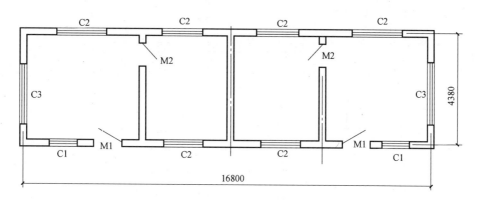

图 3-23 某小型住宅平面图（单位：mm）

M1：1200mm×2100mm

M2：1000mm×1950mm

C1：1100mm×1600mm

C2：1300mm×1600mm

C3：2400mm×1600mm

【解】

外墙块料面层工程量：

$[(16.8+0.24)+(4.38+0.24)]×2×(3.0+0.3)-1.2×2.1×2$

$-(1.1×2+1.3×6+2.4×2)×1.6$

$=142.956-5.04-(2.2+7.8+4.8)×1.6$

$=142.956-5.04-23.68$

$=114.24（m^2）$

【注释】 外墙块料面层的高度为外墙顶面标高加上室外地坪标高。

清单工程量计算表见表 3-17。

表 3-17 清单工程量计算表（六）

项目编号	项目名称	项目特征描述	计量单位	工程量
011204003001	块料墙面	块料面层砖墙体 1:1:6 混合砂浆打底 18mm 厚,贴纸皮条形瓷砖	m^2	114.24

实例 22：某装饰工程墙面抹灰、墙面油漆及墙木饰面工程量清单编制

某装饰工程的墙面设计示意图如图 3-24 所示，饰面板采用红榉夹板，墙裙部分菱形拼花，基层板和造型层均采用细木工板，木龙骨成品间距为 400mm×400mm，断面为 20mm×30mm，墙裙木龙骨外挑 300mm，墙面抹 1:3 水泥砂浆 16mm 厚，1:2.5 水泥砂浆 6mm 厚，满刮腻子三遍，刷乳胶漆两遍。试编制墙面抹灰、墙面油漆及墙木饰面工程量清单。

【解】

（1）墙面抹灰工程量

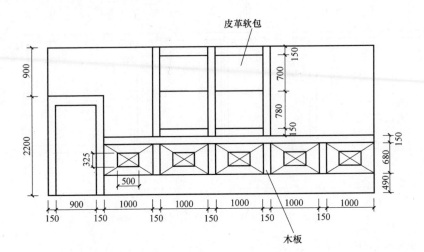

图 3-24 装饰工程的墙面设计示意图（单位：mm）

$$S_1 = 3.1 \times 6.8 - 2.2 \times 0.9$$
$$= 21.08 - 1.98$$
$$= 19.1 \ (\text{m}^2)$$

【注释】　$150 \times 6 + 900 + 1000 \times 5 = 6800$（mm）$= 6.8$（m）
　　　　　$2200 + 900 = 3100$（mm）$= 3.1$（m）

（2）乳胶漆墙面工程量

$$S_2 = 0.9 \times (0.15 \times 2 + 0.9) + 1 \times (0.15 + 0.7 + 0.78 + 0.15) + 2.15 \times 1.78$$
$$= 1.08 + 1.78 + 3.827$$
$$= 6.69 \ (\text{m}^2)$$

（3）墙木饰面工程量

$$S_3 = (1.15 \times 4 + 1) \times 1.17 + (1.15 \times 2 + 0.15) \times 1.78$$
$$= 6.552 + 4.361$$
$$= 10.91 \ (\text{m}^2)$$

【注释】　$490 + 680 = 1170$（mm）$= 1.17$（m）

清单工程量计算表见表 3-18。

表 3-18　清单工程量计算表（七）

序号	项目编码	项目名称	项目特征描述	计量单位	工程量
1	011201001001	墙面一般抹灰	1. 墙体类型：砖墙面 2. 材料类型、配合比、厚度：1:3 水泥砂浆 14mm 厚，1:2.5 水泥砂浆 6mm 厚	m²	19.1
2	011407001001	墙面喷刷涂料	1. 基层类型、喷刷部位：墙面 2. 涂料种类、喷刷要求：满刮腻子三遍，刷乳胶漆两遍	m²	7.16

（续）

序号	项目编码	项目名称	项目特征描述	计量单位	工程量
3	011207001001	墙面装饰板	1. 基层种类：木龙骨、细木工板 2. 面层类型、材料种类：细木工板造型层、榉木板面层（局部拼花）、人造革软包	m²	10.91

实例23：某室外圆柱的工程量清单编制

某室外6个直径为1.75m的圆柱（图3-25），高度是6.3m，设计为斩假石柱面，试计算其工程量并编制工程量清单。

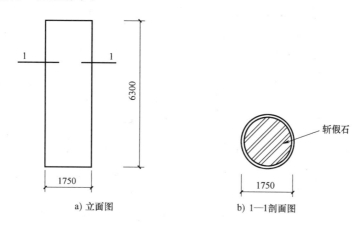

图3-25 室外圆柱（单位：mm）

【解】

圆柱的清单工程量：

3.14×1.75×6.3×6

=207.71（m²）

清单工程量计算表见表3-19。

表3-19 清单工程量计算表（八）

项目编号	项目名称	项目特征描述	计算单位	工程量
011202002001	柱面装饰抹灰	柱体类型：砖混凝土柱体；材料种类，配合比，厚度：水泥砂浆，1:3，厚12mm；水泥白石子浆，1:1.5，厚10mm	m²	207.71

实例24：某宾馆玻璃隔断带电子感应自动门的工程量清单编制

某宾馆玻璃隔断带电子感应自动门，某隔断为14mm厚钢化玻璃，边框为不锈钢，14mm厚钢化玻璃门（12.5m²），带有电磁感应装置一套。试计算其工程量并编制工程量清单。

【解】

12mm厚钢化玻璃隔断 12.5m²

电子感应门 一樘

清单工程量计算表见表 3-20。

表 3-20 清单工程量计算表（九）

序号	项目编号	项目名称	项目特征描述	计算单位	工程量
1	011210003001	玻璃隔断	1. 边框材料种类:边框为不锈钢 2. 玻璃品种、规格:14mm 厚钢化玻璃	m²	12.5
2	010805001001	电子感应门	启动装置的品种:电磁感应器	樘	1

第4章 顶棚工程

4.1 顶棚工程清单工程量计算规则

1. 顶棚抹灰

顶棚抹灰工程量清单项目的设置、项目特征描述的内容、计量单位、工程量计算规则应按表4-1的规定执行。

表4-1　顶棚抹灰（编码：011301）

项目编码	项目名称	项目特征	计量单位	工程量计算规则	工程内容
011301001	顶棚抹灰	1. 基层类型 2. 抹灰厚度、材料种类 3. 砂浆配合比	m²	按设计图示尺寸以水平投影面积计算。不扣除间壁墙、垛、柱、附墙烟囱、检查口和管道所占的面积，带梁天棚、梁两侧抹灰面积并入顶棚面积内，板式楼梯底面抹灰按斜面积计算，锯齿形楼梯底板抹灰按展开面积计算	1. 基层清理 2. 底层抹灰 3. 抹面层

2. 顶棚吊顶

顶棚吊顶工程量清单项目的设置、项目特征描述的内容、计量单位、工程量计算规则应按表4-2的规定执行。

表4-2　顶棚吊顶（编码：011302）

项目编码	项目名称	项目特征	计量单位	工程量计算规则	工程内容
011302001	吊顶天棚	1. 吊顶形式、吊杆规格、高度 2. 龙骨材料种类、规格、中距 3. 基层材料种类、规格 4. 面层材料品种、规格 5. 压条材料种类、规格 6. 嵌缝材料种类 7. 防护材料种类	m²	按设计图示尺寸以水平投影面积计算。顶棚面中的灯槽及跌级、锯齿形、吊挂式、藻井式顶棚面积不展开计算。不扣除间壁墙、检查口、附墙烟囱、柱垛和管道所占面积，扣除单个 > 0.3m² 的孔洞、独立柱及与顶棚相连的窗帘盒所占的面积	1. 基层清理、吊杆安装 2. 龙骨安装 3. 基层板铺贴 4. 面层铺贴 5. 嵌缝 6. 刷防护材料
011302002	格栅吊顶	1. 龙骨材料种类、规格、中距 2. 基层材料种类、规格 3. 面层材料品种、规格 4. 防护材料种类		按设计图示尺寸以水平投影面积计算	1. 基层清理 2. 安装龙骨 3. 基层板铺贴 4. 面层铺贴 5. 刷防护材料

（续）

项目编码	项目名称	项目特征	计量单位	工程量计算规则	工程内容
011302003	吊筒吊顶	1. 吊筒形状、规格 2. 吊筒材料种类 3. 防护材料种类	m²	按设计图示尺寸以水平投影面积计算	1. 基层清理 2. 吊筒制作安装 3. 刷防护材料
011302004	藤条造型悬挂吊顶	1. 骨架材料种类、规格 2. 面层材料品种、规格		按设计图示尺寸以水平投影面积计算	1. 基层清理 2. 龙骨安装 3. 铺贴面层
011302005	织物软雕吊顶				
011302006	装饰网架吊顶	网架材料品种、规格			1. 基层清理 2. 网架制作安装

3. 采光顶棚工程

采光顶棚工程工程量清单项目的设置、项目特征描述的内容、计量单位、工程量计算规则应按表4-3的规定执行。

表4-3　采光顶棚工程（编码：011303）

项目编码	项目名称	项目特征	计量单位	工程量计算规则	工程内容
011303001	采光顶棚	1. 骨架类型 2. 固定类型、固定材料品种、规格 3. 面层材料品种、规格 4. 嵌缝、塞口材料种类	m²	按框外围展开面积计算	1. 清理基层 2. 面层制安 3. 嵌缝、塞口 4. 清洗

注：采光顶棚骨架不包括在本节中，应单独按《房屋建筑与装饰工程工程量计算规范》（GB 50854—2013）附录F"金属结构工程"相关项目编码列项。

4. 顶棚其他装饰

顶棚其他装饰工程量清单项目的设置、项目特征描述的内容、计量单位、工程量计算规则应按表4-4的规定执行。

表4-4　顶棚其他装饰（编码：011304）

项目编码	项目名称	项目特征	计量单位	工程量计算规则	工程内容
011304001	灯带（槽）	1. 灯带型式、尺寸 2. 格栅片材料品种、规格 3. 安装固定方式	m²	按设计图示尺寸以框外围面积计算	安装、固定
011304002	送风口、回风口	1. 风口材料品种、规格 2. 安装固定方式 3. 防护材料种类	个	按设计图示数量计算	1. 安装、固定 2. 刷防护材料

4.2　顶棚工程定额工程量计算规则

1. 顶棚工程定额说明

1）《全国统一建筑装饰装修工程消耗量定额》顶棚面装饰工程定额项目共分为4节278

个项目。包括：平面（跌级）顶棚、艺术造型顶棚、其他顶棚（龙骨和面层）、其他等项目。《全国统一建筑装饰装修工程消耗量定额》中，顶棚装饰项目类型划分框图如图4-1所示。

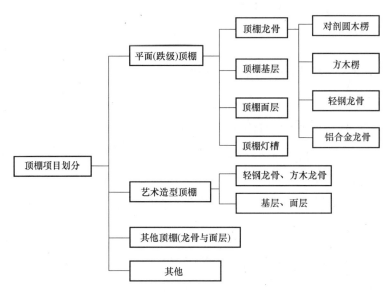

图4-1　顶棚装饰项目类型划分框图

2）该定额除部分项目为龙骨、基层、面层合并列项外，其余均为顶棚龙骨、基层、面层分别列项编制。

3）该定额龙骨的种类、间距、规格和基层、面层材料的型号、规格是按常用材料和常用做法考虑的，如设计要求不同时，材料可以调整，但人工、机械不变。

4）顶棚面层在同一标高者为平面顶棚，顶棚面层不在同一标高者为跌级顶棚（跌级顶棚其面层人工乘系数1.1）。

5）轻钢龙骨、铝合金龙骨定额中为双层结构（即中、小龙骨紧贴大龙骨底面吊挂），如为单层结构时（大、中龙骨底面在同一水平上），人工乘0.85系数。

6）该定额中平面顶棚和跌级顶棚指一般直线型顶棚，不包括灯光槽的制作安装。灯光槽制作安装应按相应子目执行。艺术造型顶棚项目中包括灯光槽的制作安装。

7）龙骨架、基层、面层的防火处理，应按该定额第五章相应子目执行。

8）顶棚检查孔的工料已包括在定额项目内，不另计算。

2. 顶棚工程定额工程量计算规则

1）各种吊顶顶棚龙骨按主墙间净空面积计算，不扣除间壁墙、检查洞、附墙烟囱、柱、垛和管道所占面积。

2）顶棚基层按展开面积计算。

3）顶棚装饰面层，按主墙间实钉（胶）面积以"m²"计算，不扣除间壁墙、检查洞、附墙烟囱、垛和管道所占面积，但应扣除0.3m²以上的孔洞、独立柱、灯槽及与顶棚相连的窗帘盒所占的面积。

4）该定额中龙骨、基层、面层合并列项的子目，工程量计算规则同第一条。

5）板式楼梯底面的装饰工程量按水平投影面积乘以1.15系数计算，梁式楼梯底面按展开面积计算。

6）灯光槽按延长米计算。

7）保温层按实铺面积计算。

8）网架按水平投影面积计算。

9）嵌缝按延长米计算。

4.3 顶棚工程工程量清单编制实例

实例 1：某会客室顶棚吊顶的工程量计算

图 4-2 为某小会议室二层顶面施工图，中间为不上人型 T 形铝合金龙骨，边上为不上人型轻钢龙骨吊顶。现根据已知条件，试计算铝合金龙骨工程量和轻钢龙骨工程量。

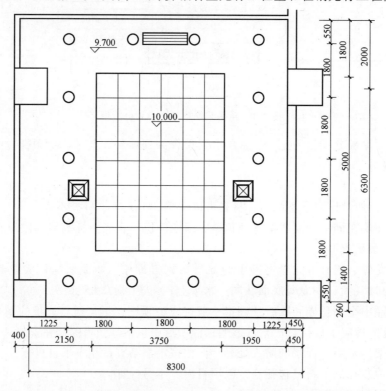

图 4-2 某小会议室二层顶面施工图（单位：mm）

【解】

（1）铝合金龙骨工程量

$S = 3.75 \times 5.00 = 18.75$（m²）

（2）轻钢龙骨工程量

$S = (8.30 - 0.45 + 0.40) \times (6.30 + 0.26 + 2.00) - 3.75 \times 5.00$

$\quad = 8.25 \times 8.56 - 18.75$

$\quad = 51.87$（m²）

实例2：某KTV包房吊顶的工程量计算

某酒店包房吊顶如图4-3所示。请根据计算规则，试计算该酒店包房的吊顶面层工程量。

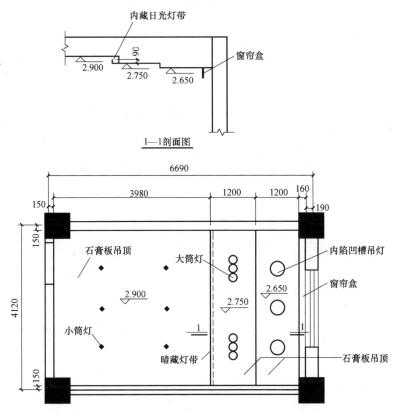

图4-3　某酒店包房吊顶图（单位：mm）

【解】

（1）顶棚面层工程量

$S_1 = (6.69 - 0.15 - 0.19) \times (4.12 - 0.15 \times 2)$

$\quad = 6.35 \times 3.82$

$\quad = 24.257 \ (\text{m}^2)$

（2）窗帘盒面积

$S_2 = 0.16 \times (4.12 - 0.15 \times 2)$

$\quad = 0.6112 (\text{m}^2)$

（3）展开面积

$S_3 = [(2.75 - 2.65) + (2.9 - 2.75) + 0.19 + 0.09] \times (3.98 - 0.09)$

$\quad = 0.53 \times 3.89$

$\quad = 2.0617 \ (\text{m}^2)$

（4）顶棚面层实际工程量

$S = S_1 - S_2 + S_3$

$$= 24.257 - 0.6112 + 2.0617$$
$$= 25.71 \ (\text{m}^2)$$

实例3：某酒店客房的顶棚造型吊顶龙骨工程量计算

某酒店一客房的顶棚造型吊顶如图4-4所示，试计算其龙骨工程量。

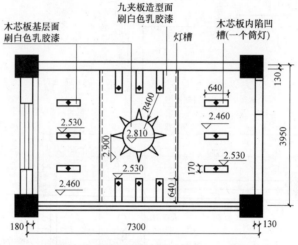

图4-4　顶棚造型吊顶（单位：mm）

【解】

龙骨工程量：

$$S = (7.3 - 0.18 - 0.13) \times (3.95 - 0.13 \times 2)$$
$$= 6.99 \times 3.69$$
$$= 25.79 \ (\text{m}^2)$$

实例4：某顶棚钢网架的工程量计算

如图4-5所示，已知加框尺寸为7650mm×6020mm，试根据已知条件，计算钢网架工程量。

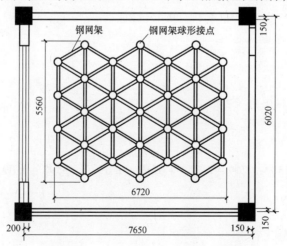

图4-5　钢网架示意图（单位：mm）

【解】

钢网架工程量：

$$S = 5.56 \times 6.72$$
$$= 37.36 \ (\text{m}^2)$$

实例5：顶棚抹水泥砂浆工程量计算

图 4-6 为某顶棚抹水泥砂浆示意图，试根据图中已知条件，求顶棚抹水泥砂浆工程量。

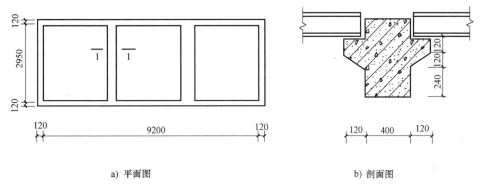

a) 平面图   b) 剖面图

图 4-6 顶棚抹水泥砂浆的示意图（单位：mm）

【解】

顶棚抹水泥砂浆工程量：

$$S = (9.2 - 0.24) \times (2.95 - 0.24) + (2.95 - 0.24) \times \left(0.24 + 0.12 + \frac{0.12}{\sin 45°} \right) \times 2 \times 2$$

$$= 8.96 \times 2.71 + 2.71 \times 2.1189$$

$$= 24.2816 + 5.7422$$

$$= 30.02 \ (\text{m}^2)$$

实例6：某吊顶顶棚工程的工程量计算

如图 4-7 所示，某吊顶顶棚工程，试计算其清单工程量。

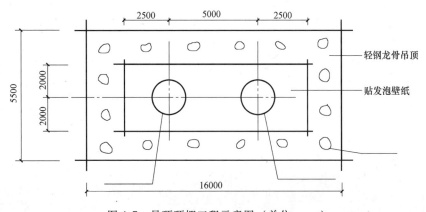

图 4-7 吊顶顶棚工程示意图（单位：mm）

【解】

吊顶顶棚工程量：

$5.5 \times 16.0 = 88$（m^2）

实例 7：现浇混凝土顶棚抹石灰砂浆工程量计算

如图 4-8 所示，计算井字梁顶棚抹石灰砂浆工程量。

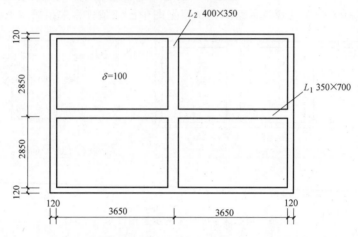

图 4-8　顶棚抹石灰砂浆示意图（单位：mm）

【解】

（1）主墙间水平投影面积

$$S_{水平} = (7.3 - 0.24) \times (5.7 - 0.24)$$
$$= 7.06 \times 5.46$$
$$= 38.5476 （m^2）$$

（2）主梁侧面展开面积

$$S_{主} = (7.3 - 0.24 - 0.4) \times (0.7 - 0.1) \times 2 \times 1 + (0.7 - 0.4) \times 0.4 \times 2$$
$$= 6.66 \times 0.6 \times 2 \times 1 + 0.24$$
$$= 8.232 （m^2）$$

（3）次梁侧面展开面积

$$S_{次} = (5.7 - 0.24 - 0.35) \times (0.35 - 0.1) \times 2 \times 1$$
$$= 5.11 \times 0.25 \times 2 \times 1$$
$$= 2.555 （m^2）$$

（4）合计

$$S = S_{水平} + S_{主} + S_{次}$$
$$= 38.5476 + 8.232 + 2.555$$
$$= 49.34 （m^2）$$

【注释】　做本题时脑海中要形与一个立体的井字梁顶棚图。

$$3650 + 3650 = 7300 （mm） = 7.3 （m）$$
$$2850 + 2850 = 5700 （mm） = 5.7 （m）$$

实例8：吊在混凝土板下的方木楞顶棚骨架的工程量计算

如图4-9所示，设计要求做吊在混凝土板下的方木楞顶棚骨架，试计算清单工程量。

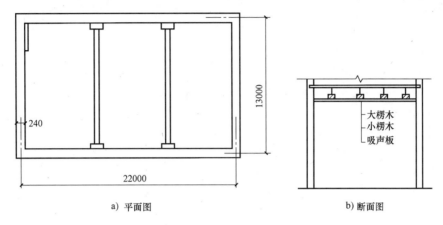

a) 平面图　　　　　　　　　　b) 断面图

图4-9　方木楞顶棚骨架和面层示意图（单位：mm）

【解】

顶棚骨架工程量：

$$S = (22 - 0.24) \times (13 - 0.24)$$
$$= 21.76 \times 12.76$$
$$= 277.66 \ (\text{m}^2)$$

实例9：某宾馆顶棚的工程量计算

若某宾馆有图4-10所示标准客房25间（顶棚尺寸：3550mm×4420mm），试计算顶棚工程量。

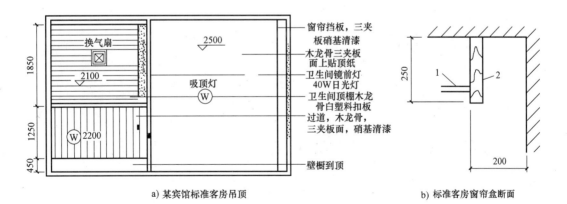

a) 某宾馆标准客房吊顶　　　　　　　　b) 标准客房窗帘盒断面

图4-10　标准客房示意图（单位：mm）

1—顶棚　2—窗帘盒

【解】

（1）房间顶棚工程量

1）木龙骨工程量：

$(4.42 - 0.12) \times 3.55 \times 25$

$= 381.63$（m^2）

2）三夹板面及裱糊墙纸面

$(4.42 - 0.2 - 0.12) \times 3.55 \times 25$

$= 363.88$（m^2）

（2）走道顶棚工程量

$(2.1 - 0.12) \times (1.25 - 0.12) \times 25$

$= 1.98 \times 1.13 \times 25$

$= 55.94$（m^2）

（3）卫生间顶棚工程量

$(1.85 - 0.12) \times (2.1 - 0.12) \times 25$

$= 1.73 \times 1.98 \times 25$

$= 85.64$（m^2）

实例 10：某三室一厅吊顶的工程量清单编制

某工程有一套三室一厅商品房，其客厅为不上人型轻钢龙骨石膏板吊顶，如图 4-11 所示，龙骨间距为 450mm × 450mm。试计算其工程量并编制工程量清单。

【解】

（1）顶棚龙骨工程量

$10.25 \times 7.72 = 79.13$（$m^2$）

（2）墙纸工程量

$8.75 \times 6.22 + (8.75 + 6.22) \times 2 \times 0.55$

$= 54.425 + 16.467$

$= 70.89$（m^2）

（3）织锦缎工程量

$10.25 \times 7.72 - 8.75 \times 6.22$

$= 79.13 - 54.425$

$= 24.71$（m^2）

清单工程量计算表见表 4-5。

表 4-5　清单工程量计算表（一）

序号	项目编码	项目名称	项目特征描述	计量单位	工程量
1	011302001001	吊顶顶棚	1. 吊顶形式、吊杆规格、高度:龙骨类型为不上人型,材料为轻钢,U 形,间距为 450mm × 450mm; 2. 面层材料品种:面层:石膏板	m^2	79.13
2	011408001001	墙纸裱糊	1. 基层类型:基层为石膏板 2. 裱糊部位:裱糊顶棚,对花	m^2	70.89
3	011408002001	织锦缎裱糊	1. 基层类型:基层为石膏板 2. 裱糊部位:裱糊顶棚,无海绵底	m^2	24.71

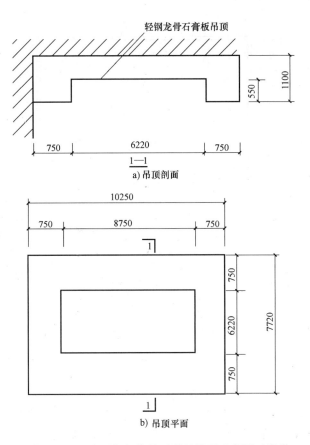

图 4-11 某工程不上人型轻钢龙骨石膏板吊顶示意图（单位：mm）

实例 11：某办公室吊顶的工程量清单编制

某办公室吊顶平面图如图 4-12 所示，试计算其工程量并编制工程量清单。

【解】

（1）吊顶顶棚工程量

$12.25 \times 9.65 = 118.21$（m^2）

（2）吸音板墙面、顶棚面油漆工程量

$12.25 \times 9.65 = 118.21$（m^2）

清单工程量计算表见表 4-6。

表 4-6 清单工程量计算表（二）

序号	项目编码	项目名称	项目特征描述	计量单位	工程量
1	011302001001	吊顶顶棚	1. 吊顶形式：平面顶棚； 2. 龙骨材料类型、中距：木龙骨，面层规格 450mm×450mm； 3. 基层、面层材料：五合板、樱桃木板	m^2	118.21
2	011404005001	吸音板墙面、顶棚面油漆	油漆、防护：刷清漆两遍、刷防火涂料两遍	m^2	118.21

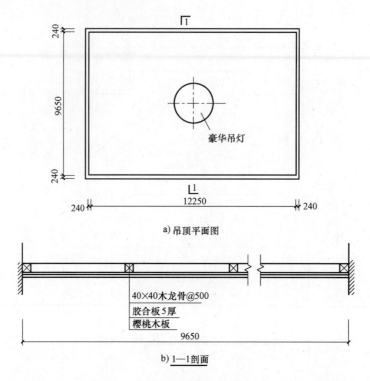

a) 吊顶平面图

b) 1—1剖面

图 4-12　某办公室顶棚（单位：mm）

实例 12：某工程现浇井字梁顶棚的工程量清单编制

某工程现浇井字梁顶棚，如图 4-13 所示。1:0.5:1 水泥石灰混合砂浆打底，1:3:9 水泥石灰砂浆找平，纸筋灰面层。已知：主梁、次梁的高与宽分别是：800mm×600mm、400mm×300mm，楼板厚120mm。试计算其工程量并编制工程量清单。

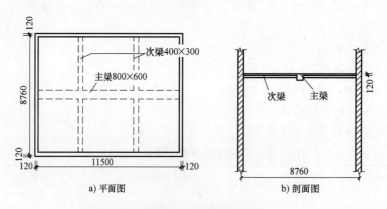

a) 平面图　　　　　　　　　　　b) 剖面图

图 4-13　现浇井字梁顶棚（单位：mm）

【解】

井字梁顶棚抹灰工程量：

$(11.5 - 0.24) \times (8.76 - 0.24) + (11.5 - 0.24) \times (0.8 - 0.12) \times 2 +$

$(8.76 - 0.24 - 0.6) \times (0.4 - 0.12) \times 2 \times 2 - 0.3 \times (0.4 - 0.12) \times 4$

$= 11.26 \times 8.52 + 11.26 \times 0.68 \times 2 + 7.92 \times 0.28 \times 2 \times 2 - 0.3 \times 0.28 \times 4$

$= 95.9352 + 15.3136 + 8.8704 - 0.336$

$= 119.78 \ (\mathrm{m}^2)$

【注释】 梁的抹灰要抹两面。

清单工程量计算表见表4-7。

表4-7　清单工程量计算表（三）

项目编码	项目名称	项目特征描述	计量单位	工程量
011301001001	顶棚抹灰	1:0.5:1 水泥石灰混合砂浆打底,1:3:9 水泥石灰砂浆找平,纸筋灰面层	m^2	119.78

实例13：某办公室顶棚工程工程量清单编制

如图4-14所示为某办公室顶棚平面示意图。采用不上人型轻钢龙骨架，间距460mm×460mm，采用石膏板面层，顶棚设检查口一个（420mm×420mm），窗帘盒宽200mm，高400mm。试计算其工程量并编制工程量清单。

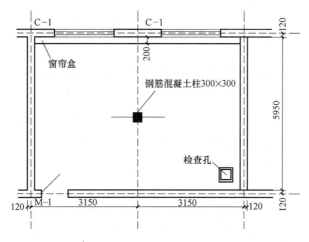

图4-14　某办公室顶棚平面示意图（单位：mm）

【解】

顶棚吊顶工程量：

$S = (5.95 - 0.20) \times (3.15 \times 2 - 0.24)$

$\quad = 5.75 \times 6.06$

$\quad = 34.85 \ (\mathrm{m}^2)$

清单工程量计算表见表4-8。

表4-8　清单工程量计算表（四）

项目编码	项目名称	项目特征描述	计量单位	工程量
011302001001	吊顶顶棚	1. 吊顶形式、吊杆规格、高度:不上人型轻钢龙骨架,间距460mm×460mm 2. 面层材料品种:石膏板面层	m^2	34.85

实例 14：某公司会议中心吊顶工程工程量清单编制

某公司会议中心吊顶平面布置如图 4-15 所示，试计算其工程量并编制工程量清单。

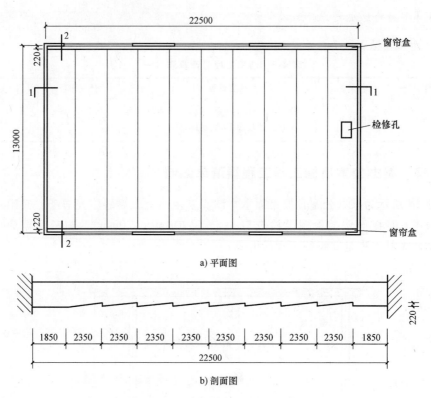

图 4-15 某会议中心吊顶平面布置图（单位：mm）

【解】

吊顶顶棚工程量：

$22.5 \times 13 = 292.5$（m^2）

清单工程量计算表见表 4-9。

表 4-9 清单工程量计算表（五）

项目编码	项目名称	项目特征描述	计量单位	工程量
011302001001	吊顶顶棚	1. 吊顶形式:艺术造型顶棚 2. 龙骨材料类型、中距:锯齿直线型轻钢龙骨 3. 基层材料:三合板 4. 面层材料:石膏板刷乳胶漆 5. 防护:基层板刷防火涂料两遍	m^2	292.5

第5章 门窗工程

5.1 门窗工程清单工程量计算规则

1. 木门

工程量清单项目设置及工程量计算规则，应按表5-1的规定执行。

表5-1 木门（编码：010801）

项目编码	项目名称	项目特征	计量单位	工程量计算规则	工程内容
010801001	木质门	1. 门代号及洞口尺寸 2. 镶嵌玻璃品种、厚度	1. 樘 2. m²	1. 以樘计量，按设计图示数量计算 2. 以平方米计量，按设计图示洞口尺寸以面积计算	1. 门安装 2. 玻璃安装 3. 五金安装
010801002	木质门带套				
010801003	木质连窗门				
010801004	木质防火门				
010801005	木门框	1. 门代号及洞口尺寸 2. 框截面尺寸 3. 防护材料种类	1. 樘 2. m	1. 以樘计量，按设计图示数量计算 2. 以米计量，按设计图示框的中心线以延长米计算	1. 木门框制作、安装 2. 运输 3. 刷防护材料
010801006	门锁安装	1. 锁品种 2. 锁规格	个（套）	按设计图示数量计算	安装

注：1. 木质门应区分镶板木门、企口木板门、实木装饰门、胶合板门、夹板装饰门、木纱门、全玻门（带木质扇框）、木质半玻门（带木质扇框）等项目，分别编码列项。

2. 木门五金应包括：折页、插销、门碰珠、弓背拉手、搭机、木螺丝、弹簧折页（自动门）、管子拉手（自由门、地弹门）、地弹簧（地弹门）、角铁、门轧头（地弹门、自由门）等。

3. 木质门带套计量按洞口尺寸以面积计算，不包括门套的面积，但门套应计算在综合单价中。

4. 以樘计量，项目特征必须描述洞口尺寸；以平方米计量，项目特征可不描述洞口尺寸。

5. 单独制作安装木门框按木门框项目编码列项。

2. 金属门

工程量清单项目设置及工程量计算规则，应按表5-2的规定执行。

表5-2 金属门（编码：010802）

项目编码	项目名称	项目特征	计量单位	工程量计算规则	工程内容
010802001	金属（塑钢）门	1. 门代号及洞口尺寸 2. 门框或扇外围尺寸 3. 门框、扇材质 4. 玻璃品种、厚度	1. 樘 2. m²	1. 以樘计量，按设计图示数量计算 2. 以平方米计量，按设计图示洞口尺寸以面积计算	1. 门安装 2. 五金安装 3. 玻璃安装
010802002	彩板门	1. 门代号及洞口尺寸 2. 门框或扇外围尺寸			

（续）

项目编码	项目名称	项目特征	计量单位	工程量计算规则	工程内容
010802003	钢质防火门	1. 门代号及洞口尺寸 2. 门框或扇外围尺寸 3. 门框、扇材质	1. 樘 2. m²	1. 以樘计量，按设计图示数量计算 2. 以平方米计量，按设计图示洞口尺寸以面积计算	1. 门安装 2. 五金安装 3. 玻璃安装
010802004	防盗门				1. 门安装 2. 五金安装

注：1. 金属门应区分金属平开门、金属推拉门、金属地弹门、全玻门（带金属扇框）、金属半玻门（带扇框）等项目，分别编码列项。

2. 铝合金门五金包括：地弹簧、门锁、拉手、门插、门铰、螺丝等。

3. 金属门五金包括：L型执手插锁（双舌）、执手锁（单舌）、门轨头、地锁、防盗门机、门眼（猫眼）、门碰珠、电子锁（磁卡锁）、闭门器、装饰拉手等。

4. 以樘计量，项目特征必须描述洞口尺寸，没有洞口尺寸必须描述门框或扇外围尺寸，以平方米计量，项目特征可不描述洞口尺寸及框、扇的外围尺寸。

5. 以平方米计量，无设计图示洞口尺寸，按门框、扇外围以面积计算。

3. 金属卷帘（闸）门

工程量清单项目设置及工程量计算规则，应按表 5-3 的规定执行。

表 5-3　金属卷帘（闸）门（编码：010803）

项目编码	项目名称	项目特征	计量单位	工程量计算规则	工程内容
010803001	金属卷帘（闸）门	1. 门代号及洞口尺寸 2. 门材质 3. 启动装置品种、规格	1. 樘 2. m²	1. 以樘计量，按设计图示数量计算 2. 以平方米计量，按设计图示洞口尺寸以面积计算	1. 门运输、安装 2. 启动装置、活动小门、五金安装
010803002	防火卷帘（闸）门				

注：以樘计量，项目特征必须描述洞口尺寸；以平方米计量，项目特征可不描述洞口尺寸。

4. 厂库房大门、特种门

工程量清单项目设置及工程量计算规则，应按表 5-4 的规定执行。

表 5-4　厂库房大门、特种门（编码：010804）

项目编码	项目名称	项目特征	计量单位	工程量计算规则	工程内容
010804001	木板大门	1. 门代号及洞口尺寸 2. 门框或扇外围尺寸 3. 门框、扇材质 4. 五金种类、规格 5. 防护材料种类	1. 樘 2. m²	1. 以樘计量，按设计图示数量计算 2. 以平方米计量，按设计图示洞口尺寸以面积计算	1. 门（骨架）制作、运输 2. 门、五金配件安装 3. 刷防护材料
010804002	钢木大门				
010804003	全钢板大门				
010804004	防护铁丝门				
010804005	金属格栅门	1. 门代号及洞口尺寸 2. 门框或扇外围尺寸 3. 门框、扇材质 4. 启动装置的品种、规格	1. 樘 2. m²	1. 以樘计量，按设计图示数量计算 2. 以平方米计量，按设计图示洞口尺寸以面积计算	1. 门安装 2. 启动装置、五金配件安装
010804006	钢质花饰大门	1. 门代号及洞口尺寸 2. 门框或扇外围尺寸 3. 门框、扇材质			1. 门安装 2. 五金配件安装
010804007	特种门				

注：1. 特种门应区分冷藏门、冷冻间门、保温门、变电室门、隔音门、防射线门、人防门、金库门等项目，分别编码列项。

2. 以樘计量，项目特征必须描述洞口尺寸，没有洞口尺寸必须描述门框或扇外围尺寸；以平方米计量，项目特征可不描述洞口尺寸及框、扇的外围尺寸。

3. 以平方米计量，无设计图示洞口尺寸，按门框、扇外围以面积计算。

5. 其他门

工程量清单项目设置及工程量计算规则，应按表5-5的规定执行。

表5-5　其他门（编码：010805）

项目编码	项目名称	项目特征	计量单位	工程量计算规则	工程内容
010805001	电子感应门	1. 门代号及洞口尺寸 2. 门框或扇外围尺寸 3. 门框、扇材质	1. 樘 2. m²	1. 以樘计量，按设计图示数量计算 2. 以平方米计量，按设计图示洞口尺寸以面积计算	1. 门安装 2. 启动装置、五金、电子配件安装
010805002	旋转门	4. 玻璃品种、厚度 5. 启动装置的品种、规格 6. 电子配件品种、规格			
010805003	电子对讲门	1. 门代号及洞口尺寸 2. 门框或扇外围尺寸 3. 门材质			
010805004	电动伸缩门	4. 玻璃品种、厚度 5. 启动装置的品种、规格 6. 电子配件品种、规格			
010805005	全玻自由门	1. 门代号及洞口尺寸 2. 门框或扇外围尺寸 3. 框材质 4. 玻璃品种、厚度			1. 门安装 2. 五金安装
010805006	镜面不锈钢饰面门	1. 门代号及洞口尺寸 2. 门框或扇外围尺寸 3. 框、扇材质 4. 玻璃品种、厚度	1. 樘 2. m²	1. 以樘计量，按设计图示数量计算 2. 以平方米计量，按设计图示洞口尺寸以面积计算	1. 门安装 2. 五金安装
010805007	复合材料门				

注：1. 以樘计量，项目特征必须描述洞口尺寸，没有洞口尺寸必须描述门框或扇外围尺寸；以平方米计量，项目特征可不描述洞口尺寸及框、扇的外围尺寸。

　　2. 以平方米计量，无设计图示洞口尺寸，按门框、扇外围以面积计算。

6. 木窗

工程量清单项目设置及工程量计算规则，应按表5-6的规定执行。

表5-6　木窗（编码：010806）

项目编码	项目名称	项目特征	计量单位	工程量计算规则	工程内容
010806001	木质窗	1. 窗代号及洞口尺寸 2. 玻璃品种、厚度	1. 樘 2. m²	1. 以樘计量，按设计图示数量计算 2. 以平方米计量，按设计图示洞口尺寸以面积计算	1. 窗安装 2. 五金、玻璃安装
010806002	木飘（凸）窗			1. 以樘计量，按设计图示数量计算 2. 以平方米计量，按设计图示尺寸以框外围展开面积计算	
010806003	木橱窗	1. 窗代号 2. 框截面及外围展开面积 3. 玻璃品种、厚度 4. 防护材料种类			1. 窗制作、运输、安装 2. 五金、玻璃安装 3. 刷防护材料

（续）

项目编码	项目名称	项目特征	计量单位	工程量计算规则	工程内容
010806004	木纱窗	1. 窗代号及框的外围尺寸 2. 窗纱材料品种、规格	1. 樘 2. m²	1. 以樘计量，按设计图示数量计算 2. 以平方米计量，按框的外围尺寸以面积计算	1. 窗安装 2. 五金安装

注：1. 木质窗应区分木百叶窗、木组合窗、木天窗、木固定窗、木装饰空花窗等项目，分别编码列项。

2. 以樘计量，项目特征必须描述洞口尺寸，没有洞口尺寸必须描述窗框外围尺寸；以平方米计量，项目特征可不描述洞口尺寸及框的外围尺寸。

3. 以平方米计量，无设计图示洞口尺寸，按窗框外围以面积计算。

4. 木橱窗、木飘（凸）窗以樘计量，项目特征必须描述框截面及外围展开面积。

5. 木窗五金包括：折页、插销、风钩、木螺丝、滑楞滑轨（推拉窗）等。

7. 金属窗

工程量清单项目设置及工程量计算规则，应按表5-7的规定执行。

表 5-7　金属窗（编码：010807）

项目编码	项目名称	项目特征	计量单位	工程量计算规则	工程内容
010807001	金属（塑钢、断桥）窗	1. 窗代号及洞口尺寸 2. 框、扇材质 3. 玻璃品种、厚度	1. 樘 2. m²	1. 以樘计量，按设计图示数量计算 2. 以平方米计量，按设计图示洞口尺寸以面积计算	1. 窗安装 2. 五金、玻璃安装
010807002	金属防火窗				
010807003	金属百叶窗	1. 窗代号及洞口尺寸 2. 框、扇材质 3. 玻璃品种、厚度		1. 以樘计量，按设计图示数量计算 2. 以平方米计量，按设计图示洞口尺寸以面积计算	
010807004	金属纱窗	1. 窗代号及框的外围尺寸 2. 框材质 3. 窗纱材料品种、规格		1. 以樘计量，按设计图示数量计算 2. 以平方米计量，按框的外围尺寸以面积计算	1. 窗安装 2. 五金安装
010807005	金属格栅窗	1. 窗代号及洞口尺寸 2. 框外围尺寸 3. 框、扇材质		1. 以樘计量，按设计图示数量计算 2. 以平方米计量，按设计图示洞口尺寸以面积计算	
010807006	金属（塑钢、断桥）橱窗	1. 窗代号 2. 框外围展开面积 3. 框、扇材质 4. 玻璃品种、厚度 5. 防护材料种类	1. 樘 2. m²	1. 以樘计量，按设计图示数量计算 2. 以平方米计量，按设计图示尺寸以框外围展开面积计算	1. 窗制作、运输、安装 2. 五金、玻璃安装 3. 刷防护材料
010807007	金属（塑钢、断桥）飘（凸）窗	1. 窗代号 2. 框外围展开面积 3. 框、扇材质 4. 玻璃品种、厚度			1. 窗安装 2. 五金、玻璃安装
010807008	彩板窗	1. 窗代号及洞口尺寸 2. 框外围尺寸 3. 框、扇材质 4. 玻璃品种、厚度		1. 以樘计量，按设计图示数量计算 2. 以平方米计量，按设计图示洞口尺寸或框外围以面积计算	
010807009	复合材料窗				

注：1. 金属窗应区分金属组合窗、防盗窗等项目，分别编码列项。

2. 以樘计量，项目特征必须描述洞口尺寸，没有洞口尺寸必须描述窗框外围尺寸；以平方米计量，项目特征可不描述洞口尺寸及框的外围尺寸。

3. 以平方米计量，无设计图示洞口尺寸，按窗框外围以面积计算。

4. 金属橱窗、飘（凸）窗以樘计量，项目特征必须描述框外围展开面积。

5. 金属窗五金包括：折页、螺丝、执手、卡锁、风撑、滑轮、滑轨、拉把、拉手、角码、牛角制等。

8. 门窗套

工程量清单项目设置及工程量计算规则，应按表5-8的规定执行。

表5-8 门窗套（编码：010808）

项目编码	项目名称	项目特征	计量单位	工程量计算规则	工程内容
010808001	木门窗套	1. 窗代号及洞口尺寸 2. 门窗套展开宽度 3. 基层材料种类 4. 面层材料品种、规格 5. 线条品种、规格 6. 防护材料种类	1. 樘 2. m² 3. m	1. 以樘计量,按设计图示数量计算 2. 以平方米计量,按设计图示尺寸以展开面积计算 3. 以米计量,按设计图示中心以延长米计算	1. 清理基层 2. 立筋制作、安装 3. 基层板安装 4. 面层铺贴 5. 线条安装 6. 刷防护材料
010808002	木筒子板	1. 筒子板宽度 2. 基层材料种类 3. 面层材料品种、规格 4. 线条品种、规格 5. 防护材料种类			
010808003	饰面夹板筒子板				
010808004	金属门窗套	1. 窗代号及洞口尺寸 2. 门窗套展开宽度 3. 基层材料种类 4. 面层材料品种、规格 5. 防护材料种类			1. 清理基层 2. 立筋制作、安装 3. 基层板安装 4. 面层铺贴 5. 刷防护材料
010808005	石材门窗套	1. 窗代号及洞口尺寸 2. 门窗套展开宽度 3. 粘结层厚度、砂浆配合比 4. 面层材料品种、规格 5. 线条品种、规格			1. 清理基层 2. 立筋制作、安装 3. 基层抹灰 4. 面层铺贴 5. 线条安装
010808006	门窗木贴脸	1. 门窗代号及洞口尺寸 2. 贴脸板宽度 3. 防护材料种类	1. 樘 2. m	1. 以樘计量,按设计图示数量计算 2. 以米计量,按设计图示尺寸以延长米计算	安装
010808007	成品木门窗套	1. 门窗代号及洞口尺寸 2. 门窗套展开宽度 3. 门窗套材料品种、规格	1. 樘 2. m² 3. m	1. 以樘计量,按设计图示数量计算 2. 以平方米计量,按设计图示尺寸以展开面积计算 3. 以米计量,按设计图示中心以延长米计算	1. 清理基层 2. 立筋制作、安装 3. 板安装

注：1. 以樘计量，项目特征必须描述洞口尺寸、门窗套展开宽度。

2. 以平方米计量，项目特征可不描述洞口尺寸、门窗套展开宽度。

3. 以米计量，项目特征必须描述门窗套展开宽度、筒子板及贴脸宽度。

4. 木门窗套适用于单独门窗套的制作、安装。

9. 窗台板

工程量清单项目设置及工程量计算规则，应按表5-9的规定执行。

表 5-9　窗台板（编码：010809）

项目编码	项目名称	项目特征	计量单位	工程量计算规则	工程内容
010809001	木窗台板	1. 基层材料种类 2. 窗台面板材质、规格、颜色 3. 防护材料种类	m²	按设计图示尺寸以展开面积计算	1. 基层清理 2. 基层制作、安装 3. 窗台板制作、安装 4. 刷防护材料
010809002	铝塑窗台板				
010809003	金属窗台板				
010809004	石材窗台板	1. 粘结层厚度、砂浆配合比 2. 窗台板材质、规格、颜色			1. 基层清理 2. 抹找平层 3. 窗台板制作、安装

10. 窗帘、窗帘盒、轨

工程量清单项目设置及工程量计算规则，应按表 5-10 的规定执行。

表 5-10　窗帘、窗帘盒、轨（编码：010810）

项目编码	项目名称	项目特征	计量单位	工程量计算规则	工程内容
010810001	窗帘	1. 窗帘材质 2. 窗帘高度、宽度 3. 窗帘层数 4. 带幔要求	1. m 2. m²	1. 以米计量，按设计图示尺寸以成活后长度计算 2. 以平方米计量，按图示尺寸以成活后展开面积计算	1. 制作、运输 2. 安装
010810002	木窗帘盒	1. 窗帘盒材质、规格 2. 防护材料种类	m	按设计图示尺寸以长度计算	1. 制作、运输、安装 2. 刷防护材料
010810003	饰面夹板、塑料窗帘盒				
010810004	铝合金窗帘盒				
010810005	窗帘轨	1. 窗帘轨材质、规格 2. 轨的数量 3. 防护材料种类		按设计图示尺寸以长度计算	

注：1. 窗帘若是双层，项目特征必须描述每层材质。
　　2. 窗帘以米计量，项目特征必须描述窗帘高度和宽。

5.2　门窗工程定额工程量计算规则

1. 门窗工程定额说明

1）铝合金门窗制作、安装项目不分现场或施工企业附属加工厂制作，均执行本定额。

2）铝合金地弹门制作型材（框料）按 101.6mm×44.5mm、厚 1.5mm 方管制定，单扇平开门、双扇平开窗按 38 系列制定，推拉窗按 90 系列（厚 1.5mm）制定。如实际采用的型材断面及厚度与定额取定规格不符者，可按图示尺寸乘以线密度加 6% 的施工损耗计算型材重量。

3）装饰板门扇制作安装按木骨架、基层、饰面板面层分别计算。

4）成品门窗安装项目中，门窗附件按包含在成品门窗单价内考虑；铝合金门窗制作、安装项目中未含五金配件，五金配件按本章附表选用。

2. 门窗工程定额工程量计算规则

1）铝合金门窗、彩板组角门窗、塑钢门窗安装均按洞口面积以平方米计算。纱扇制作安装按扇外围面积计算。

2）卷闸门安装按其安装高度乘以门的实际宽度以平方米计算。安装高度算至滚筒顶点为准。带卷筒罩的按展开面积增加。电动装置安装以套计算，小门安装以个计算，小门面积不扣除。

3）防盗门、防盗窗、不锈钢格栅门按框外围面积以平方米计算。

4）成品防火门以框外围面积计算，防火卷帘门从地（楼）面算至端板顶点乘以设计宽度。

5）实木门框制作安装以延长米计算。实木门扇制作安装及装饰门扇制作按扇外围面积计算。装饰门扇及成品门扇安装按扇计算。

6）木门扇皮制隔声面层和装饰板隔声面层，按单面面积计算。

7）不锈钢板包门框、门窗套、花岗石门套、门窗筒子板按展开面积计算。门窗贴脸、窗帘盒、窗帘轨按延长米计算。

8）窗台板按实铺面积计算。

9）电子感应门及转门按定额尺寸以樘计算。

5.3　门窗工程工程量清单编制实例

实例1：某酒店防火门门框与门扇的工程量计算

某酒店包房门为实木门扇及门框，如图5-1所示。请根据计算规则，试计算防火门门框与门扇的清单工程量。

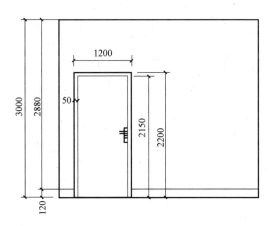

图5-1　某酒店包房门立面图（单位：mm）

【解】

（1）实木门框制作安装的工程量

$2.2 \times 2 + (1.2 - 0.05 \times 2)$

$= 4.4 + 1.1$

=5.5（m）

（2）门扇制作安装的工程量

$2.15 \times (1.2 - 0.05 \times 2)$

=2.37（m）

实例2：某办公楼房间门贴脸及门套的工程量计算

某办公楼房间门贴脸及门套图如图5-2所示，根据图中所给出的已知条件，试计算门套的清单工程量。

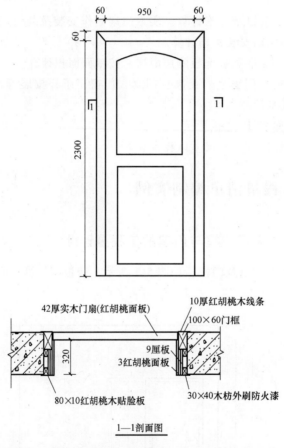

图 5-2 某办公楼房间门贴脸及门套图（单位：mm）

【解】

门套的工程量：

$S = [(2.3 + 0.06) \times 2 + 0.95] \times 2 \times 0.06 + 0.32 \times (2.3 \times 2 + 0.95)$

$= 0.6804 + 1.776$

$= 2.456$（m^2）

实例3：某工程门窗套的工程量计算

某工程包门框采用木龙骨基层细木工板面层不锈钢包面（双面），共5个门框，基层刷防火涂料，门框侧面宽0.12mm 尺寸如图 5-3 所示，试计算门窗套的工程量。

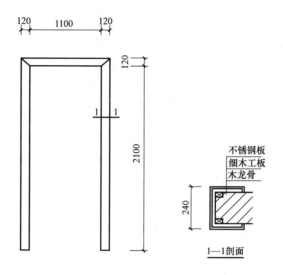

图 5-3 木门框（单位：mm）

【解】

门窗套清单工程量：

$$[(0.12 \times 2.1 \times 2 + 1.1 \times 0.12) \times 2 + 0.24 \times (2.1 \times 2 + 1.1)] \times 5$$
$$= [(0.504 + 0.132) \times 2 + 1.272] \times 5$$
$$= 12.72 \ (m^2)$$

实例4：某推拉式钢木大门的工程量计算

有一推拉式钢木大门如图 5-4 所示。如图已知洞口宽 3400mm，洞口高 3600mm，共有 17 樘。现根据已知条件，试计算该钢木大门的工程量。

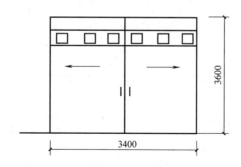

图 5-4 推拉门示意图（单位：mm）

【解】

钢木大门的工程量：

$$S = 3.4 \times 3.6 \times 17$$
$$= 208.08 \ (m^2)$$

实例5：某职工楼门窗木贴脸及榉木筒子板的工程量计算

已知某职工楼共有 930mm × 2200mm 的门洞 45 樘，若门内外钉贴细木工板门套、贴脸（不带龙骨），榉木夹板贴面，尺寸如图5-5所示，试计算此工程门窗木贴脸及榉木筒子板清单工程量。

【解】

（1）门窗木贴脸工程量

$$S = (0.93 + 0.09 \times 2 + 2.2 \times 2) \times 0.09 \times 2 \times 45$$

$$= (0.93 + 0.18 + 4.4) \times 0.09 \times 2 \times 45$$

$$= 44.63 \ (m^2)$$

（2）榉木筒子板工程量

$$S = (0.93 + 2.2 \times 2) \times 0.09 \times 2 \times 45$$

$$= (0.93 + 4.4) \times 0.09 \times 2 \times 45$$

$$= 43.17 \ (m^2)$$

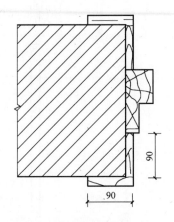

图 5-5　某职工楼门榉木夹板贴面
示意图（单位：mm）

实例6：某户居室门窗的工程量清单编制

某工程某户居室门窗布置如图5-6所示，分户门为成品钢质防盗门，室内门为成品实木门带套，⑥轴上Ⓑ轴至Ⓒ轴间为成品塑钢门带窗（无门套）；①轴上Ⓒ轴至Ⓔ轴间为塑钢门，框边安装成品门套，展开宽度为350mm；所有窗为成品塑钢窗，具体尺寸详见表5-11。试列出该户居室的门窗、门窗套的分部分项工程量清单。

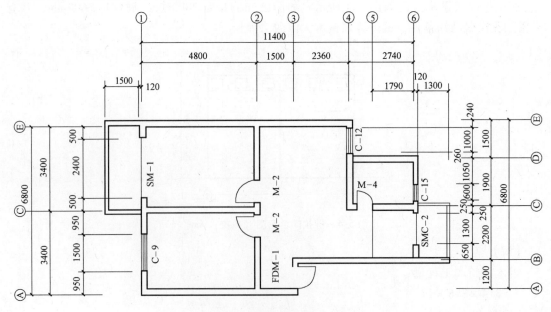

图 5-6　某户居室门窗平面布置图（单位：mm）

表5-11 某户居室门窗表

名 称	代 号	洞口尺寸/mm	备 注
成品钢质防盗门	FDM-1	800×2200	含锁、五金
成品实木门带套	M-2	800×2200	含锁、普通五金
	M-4	700×2200	
成品平开塑钢窗	C-9	1500×1600	夹胶玻璃(6+2.5+6),型材为钢塑90系列,普通五金
	C-12	1000×1600	
	C-15	600×1600	
成品塑钢门带窗	SMC-2	门(700×2200) 窗(600×1600)	
成品塑钢门	SM-1	2400×2200	

【解】

（1）防盗门

$S = 0.8 \times 2.2$

$= 1.76$ （m²）

（2）木质门带套 成品实木门带套

$S = 0.8 \times 2.2 \times 2 + 0.7 \times 2.2 \times 1$

$= 3.52 + 1.54$

$= 5.06$ （m²）

（3）金属（塑钢、断桥）窗 成品平开塑钢窗

$S = 1.5 \times 1.6 + 1 \times 1.6 + 0.6 \times 1.6 \times 2$

$= 2.4 + 1.6 + 1.92$

$= 5.92$ （m²）

（4）金属（塑钢）门 成品塑钢门

$S = 0.7 \times 2.2 + 2.4 \times 2.2$

$= 1.54 + 5.28$

$= 6.82$ （m²）

（5）成品木门窗套

$n = 1$ 樘

【注释】 结合图5-6和表5-11计算本题。

清单工程量计算见表5-12。

表5-12 清单工程量计算表 （一）

序号	项目编码	项目名称	项目特征描述	计量单位	工程量
1	010802004001	防盗门	1. 门代号及洞口尺寸:FDM-1(800mm×2200mm) 2. 门框、扇材质:钢质	m²	1.76
2	010801002001	木质门带套	门代号及洞口尺寸: M-2(800mm×2200mm)、M-4(700mm×2200mm)	m²	5.06

（续）

序号	项目编码	项目名称	项目特征描述	计量单位	工程量
3	010807001001	金属（塑钢、断桥）窗	1. 窗代号及洞口尺寸： C-9（1500mm×1600mm） C-12（1000mm×1600mm） C-15（600mm×1600mm） 2. 框扇材质：塑钢90系列 3. 玻璃品种、厚度：夹胶玻璃（6+2.5+6）	m²	5.92
4	010802001001	金属（塑钢）门	1. 门代号及洞口尺寸：SM-1、SMC-2：洞口尺寸详见表5-11 2. 门框、扇材质：塑钢90系列 3. 玻璃品种、厚度：夹胶玻璃（6+2.5+6）	m²	6.82
5	010808007001	成品木门窗套	1. 门代号及洞口尺寸：SM-1（2400mm×2200mm） 2. 门套展开宽度：350mm 3. 门套材料品种：成品实木门套	樘	1

注：洞口尺寸太多，可描述"详见表5-11"。

实例7：某酒店窗台板使用蝴蝶蓝花岗石的工程量计算

如图5-7所示，某酒店窗台板为蝴蝶蓝花岗石，窗台长3300mm，试计算其窗台板的工程量。

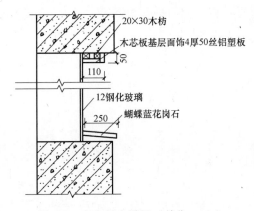

图5-7　窗台板大样图（单位：mm）

【解】

窗台板的工程量：

$$S = 0.25 \times 3.3$$
$$= 0.83 \ (m^2)$$

【注释】　窗台板宽250mm。

实例8：某大理石窗台板的工程量计算

如图5-8所示为某办公室大理石窗台板，请根据图中已知条件，试计算大理石窗台板工

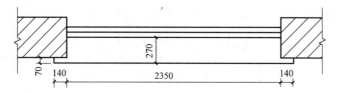

图 5-8 大理石窗台板示意图（单位：mm）

程量。

【解】

大理石窗台板的工程量：

$S = 2.35 \times 0.2 + (2.35 + 0.14 \times 2) \times 0.07$

$\quad = 0.47 + 0.1841$

$\quad = 0.65$（m^2）

【注释】 $270 - 70 = 200$（mm）$= 0.2$（m）

实例 9：冷藏库门的工程量清单编制

某仓库冷藏库门如图 5-9 所示，保温层厚为 180mm，共 1 樘，试计算其工程量并编制工程量清单。

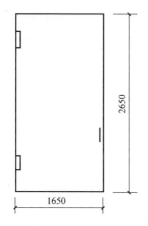

图 5-9 某仓库冷藏库门示意图（单位：mm）

【解】

仓库冷藏库门的清单工程量：

$S = 1.65 \times 2.65$

$\quad = 4.37$（m^2）

清单工程量计算见表 5-13。

表 5-13 清单工程量计算表（二）

项目编码	项目名称	项目特征描述	计量单位	工程量
010804007001	特种门	平开,有框,一扇门,保温层厚 180mm	m^2	4.37

实例 10：某会议室安装塑钢门窗的工程量清单编制

某大厦安装塑钢门窗工程，塑钢门、窗示意图如图 5-10 所示，门洞口尺寸为 2300mm ×
2700mm，窗洞口尺寸为 1600mm × 1950mm，
不带纱扇，试计算门窗安装的工程量并编制工
程量清单。

【解】

（1）塑钢门工程量

$S = 2.3 \times 2.7$

$\quad = 6.21 \ (\text{m}^2)$

（2）塑钢窗工程量

$S = 1.6 \times 1.95$

$\quad = 3.12 \ (\text{m}^2)$

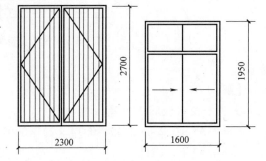

图 5-10　塑钢门、窗示意图（单位：mm）

清单工程量计算表见表 5-14。

表 5-14　清单工程量计算表（三）

序号	项目编码	项目名称	项目特征描述	计量单位	工程量
1	010802001001	塑钢门	门洞口尺寸为 2300mm × 2700mm	m²	6.21
2	010807001001	塑钢窗	窗洞口尺寸为 1600mm × 1950mm，不带纱扇	m²	3.12

实例 11：某工程木质窗帘盒的工程量清单编制

某工程有 26 个窗户，其窗帘盒为木制，如图 5-11 所示。试计算木窗帘盒的工程量并编
制工程量清单。

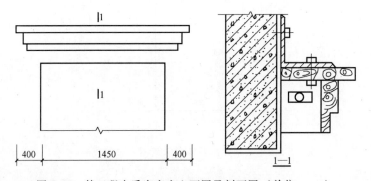

图 5-11　某工程木质窗帘盒立面图及剖面图（单位：mm）

【解】

木窗帘盒的清单工程量：

$(1.45 + 0.4 \times 2) \times 26 = 58.5 \ (\text{m})$

清单工程量计算表见表 5-15。

表 5-15　清单工程量计算表（四）

项目编号	项目名称	项目特征描述	计量单位	工程量
010810002001	木窗帘盒	窗帘盒材质：木制窗帘盒	m	58.5

第6章 油漆、涂料、裱糊工程

6.1 油漆、涂料、裱糊工程清单工程量计算规则

1. 门油漆

门油漆的工程量清单项目设置及工程量计算规则，应按表6-1的规定执行。

表6-1 门油漆（编码：011401）

项目编码	项目名称	项目特征	计量单位	工程量计算规则	工程内容
011401001	木门油漆	1. 门类型 2. 门代号及洞口尺寸 3. 腻子种类 4. 刮腻子遍数 5. 防护材料种类 6. 油漆品种、刷漆遍数	1. 樘 2. m²	1. 以樘计量，按设计图示数量计量 2. 以平方米计量，按设计图示洞口尺寸以面积计算	1. 基层清理 2. 刮腻子 3. 刷防护材料、油漆
011401002	金属门油漆				1. 除锈、基层清理 2. 刮腻子 3. 刷防护材料、油漆

注：1. 木门油漆应区分木大门、单层木门、双层（一玻一纱）木门、双层（单裁口）木门、全玻自由门、半玻自由门、装饰门及有框门或无框门等项目，分别编码列项。

2. 金属门油漆应区分平开门、推拉门、钢制防火门等项目，分别编码列项。

3. 以平方米计量，项目特征可不必描述洞口尺寸。

2. 窗油漆

窗油漆的工程量清单项目设置及工程量计算规则，应按表6-2的规定执行。

表6-2 窗油漆（编码：011402）

项目编码	项目名称	项目特征	计量单位	工程量计算规则	工程内容
011402001	木窗油漆	1. 窗类型 2. 窗代号及洞口尺寸 3. 腻子种类 4. 刮腻子遍数 5. 防护材料种类 6. 油漆品种、刷漆遍数	1. 樘 2. m²	1. 以樘计量，按设计图示数量计量 2. 以平方米计量，按设计图示洞口尺寸以面积计算	1. 基层清理 2. 刮腻子 3. 刷防护材料、油漆
011402002	金属窗油漆				1. 除锈、基层清理 2. 刮腻子 3. 刷防护材料、油漆

注：1. 木窗油漆应区分单层木门、双层（一玻一纱）木窗、双层框扇（单裁口）木窗、双层框三层（二玻一纱）木窗、单层组合窗、双层组合窗、木百叶窗、木推拉窗等项目，分别编码列项。

2. 金属窗油漆应区分平开窗、推拉窗、固定窗、组合窗、金属隔栅窗等项目，分别编码列项。

3. 以平方米计量，项目特征可不必描述洞口尺寸。

3. 扶手及其他板条、线条油漆

扶手及其他板条、线条油漆的工程量清单项目设置及工程量计算规则，应按表6-3的规定执行。

4. 木材面油漆

木材面油漆的工程量清单项目设置及工程量计算规则，应按表6-4的规定执行。

表6-3　木扶手及其他板条、线条油漆（编码：011403）

项目编码	项目名称	项目特征	计量单位	工程量计算规则	工程内容
011403001	木扶手油漆	1. 断面尺寸 2. 腻子种类 3. 刮腻子遍数 4. 防护材料种类 5. 油漆品种、刷漆遍数	m	按设计图示尺寸以长度计算	1. 基层清理 2. 刮腻子 3. 刷防护材料、油漆
011403002	窗帘盒油漆				
011403003	封檐板、顺水板油漆				
011403004	挂衣板、黑板框油漆				
011403005	挂镜线、窗帘棍、单独木线油漆				

注：木扶手应区分带托板与不带托板，分别编码列项，若是木栏杆带扶手，木扶手不应单独列项，应包含在木栏杆油漆中。

表6-4　木材面油漆（编码：011404）

项目编码	项目名称	项目特征	计量单位	工程量计算规则	工程内容
011404001	木护墙、木墙裙油漆	1. 腻子种类 2. 刮腻子遍数 3. 防护材料种类 4. 油漆品种、刷漆遍数	m²	按设计图示尺寸以面积计算	1. 基层清理 2. 刮腻子 3. 刷防护材料、油漆
011404002	窗台板、筒子板、盖板、门窗套、踢脚线油漆				
011404003	清水板条天棚、檐口油漆				
011404004	木方格吊顶顶棚油漆				
011404005	吸音板墙面、顶棚面油漆			按设计图示尺寸以面积计算	
011404006	散热器罩油漆				
011404007	其他木材面				
011404008	木间壁、木隔断油漆	1. 腻子种类 2. 刮腻子遍数 3. 防护材料种类 4. 油漆品种、刷漆遍数	m²	按设计图示尺寸以单面外围面积计算	1. 基层清理 2. 刮腻子 3. 刷防护材料、油漆
011404009	玻璃间壁露明墙筋油漆				
011404010	木栅栏、木栏杆（带扶手）油漆				
011404011	衣柜、壁柜油漆			按设计图示尺寸以油漆部分展开面积计算	
011404012	梁柱饰面油漆				
011404013	零星木装修油漆				
011404014	木地板油漆	1. 腻子种类 2. 刮腻子遍数 3. 防护材料种类 4. 油漆品种、刷漆遍数	m²	按设计图示尺寸以面积计算。空洞、空圈、暖气包槽、壁龛的开口部分并入相应的工程量内	1. 基层清理 2. 刮腻子 3. 刷防护材料、油漆
011404015	木地板烫硬蜡面	1. 硬蜡品种 2. 面层处理要求			1. 基层清理 2. 烫蜡

5. 金属面油漆

金属面油漆的工程量清单项目设置及工程量计算规则，应按表6-5的规定执行。

6. 抹灰面油漆

抹灰面油漆的工程量清单项目设置及工程量计算规则，应按表6-6的规定执行。

表 6-5　金属面油漆（编码：011405）

项目编码	项目名称	项目特征	计量单位	工程量计算规则	工程内容
011405001	金属面油漆	1. 构件名称 2. 腻子种类 3. 刮腻子要求 4. 防护材料种类 5. 油漆品种、刷漆遍数	1. t 2. m²	1. 以吨计量，按设计图示尺寸以质量计算 2. 以平方米计量，按设计展开面积计算	1. 基层清理 2. 刮腻子 3. 刷防护材料、油漆

表 6-6　抹灰面油漆（编码：011406）

项目编码	项目名称	项目特征	计量单位	工程量计算规则	工程内容
011406001	抹灰面油漆	1. 基层类型 2. 腻子种类 3. 刮腻子遍数 4. 防护材料种类 5. 油漆品种、刷漆遍数 6. 部位	m²	按设计图示尺寸以面积计算	1. 基层清理 2. 刮腻子 3. 刷防护材料、油漆
011406002	抹灰线条油漆	1. 线条宽度、道数 2. 腻子种类 3. 刮腻子遍数 4. 防护材料种类 5. 油漆品种、刷漆遍数	m	按设计图示尺寸以长度计算	
011406003	满刮腻子	1. 基层类型 2. 腻子种类 3. 刮腻子遍数	m²	按设计图示尺寸以面积计算	1. 基层清理 2. 刮腻子

7. 喷刷涂料

喷刷涂料的工程量清单项目设置及工程量计算规则，应按表6-7的规定执行。

8. 裱糊

裱糊工程量清单项目设置及工程量计算规则，应按表6-8的规定执行。

表 6-7　喷刷涂料（编码：011407）

项目编码	项目名称	项目特征	计量单位	工程量计算规则	工程内容
011407001	墙面喷刷涂料	1. 基层类型 2. 喷刷涂料部位 3. 腻子种类 4. 刮腻子要求 5. 涂料品种、喷刷遍数	m²	按设计图示尺寸以面积计算	1. 基层清理 2. 刮腻子 3. 刷、喷涂料
011407002	顶棚喷刷涂料				
011407003	空花格、栏杆刷涂料	1. 腻子种类 2. 刮腻子遍数 3. 涂料品种、刷喷遍数		按设计图示尺寸以单面外围面积计算	
011407004	线条刷涂料	1. 基层清理 2. 线条宽度 3. 刮腻子遍数 4. 刷防护材料、油漆	m	按设计图示尺寸以长度计算	1. 基层清理 2. 刮腻子 3. 刷、喷涂料

(续)

项目编码	项目名称	项目特征	计量单位	工程量计算规则	工程内容
011407005	金属构件刷防火涂料	1. 喷刷防火涂料构件名称 2. 防火等级要求 3. 涂料品种、喷刷遍数	1. m² 2. t	1. 以吨计量,按设计图示尺寸以质量计算 2. 以平方米计量,按设计展开面积计算	1. 基层清理 2. 刷防护材料、油漆
011407006	木材构件喷刷防火涂料		m²	以平方米计量,按设计图示尺寸以面积计算	1. 基层清理 2. 刷防火材料

注:喷刷墙面涂料部位要注明内墙或外墙。

表 6-8　裱糊 (编码:011408)

项目编码	项目名称	项目特征	计量单位	工程量计算规则	工程内容
011408001	墙纸裱糊	1. 基层类型 2. 裱糊部位 3. 腻子种类 4. 刮腻子遍数 5. 粘结材料种类 6. 防护材料种类 7. 面层材料品种、规格、颜色	m²	按设计图示尺寸以面积计算	1. 基层清理 2. 刮腻子 3. 面层铺粘 4. 刷防护材料
011408002	织锦缎裱糊				

6.2　油漆、涂料、裱糊工程定额工程量计算规则

1. 油漆、涂料、裱糊工程定额说明

1)《全国统一建筑装饰装修工程消耗量定额》油漆、涂料、裱糊工程定额项目共分为4节295个项目。包括木材面油漆、金属面油漆、抹灰面油漆和涂料、裱糊四大节,涂料按涂刷部位不同分为顶棚面、墙面、柱面、梁面等涂料分项,裱糊按所用材料不同分为墙纸、金属壁纸、织锦缎等项目。

2)该定额刷涂、刷油采用手工操作;喷塑、喷涂采用机械操作。操作方法不同时,不予调整。

3)油漆浅、中、深各种颜色,已综合在定额内,颜色不同,不另调整。

4)该定额在同一平面上的分色及门窗内外分色已综合考虑。如需做美术图案者,另行计算。

5)定额内规定的喷、涂、刷遍数与要求不同时,可按每增加一遍定额项目进行调整。

6)喷塑(一塑三油)、底油、装饰漆、面油,其规格划分如下:

① 大压花:喷点压平、点面积在 1.2cm² 以上。

② 中压花:喷点压平、点面积在 1~1.2cm² 以内。

③ 喷中点、幼点:喷点面积在 1cm² 以下。

7)定额中的双层木门窗(单裁口)是指双层框扇。三层二玻一纱窗是指双层框三层扇。

8)定额中的单层木门刷油是按双面刷油考虑的,如采用单面刷油,其定额含量乘以

0.49 系数计算。

9）定额中的木扶手油漆为不带托板考虑。

2. 油漆、涂料、裱糊工程定额工程量计算规则

1）楼地面、顶棚、墙、柱、梁面的喷（刷）涂料、抹灰面油漆及裱糊工程，均按表6-9～表6-13相应的计算规则计算。

表6-9　执行木门定额工程量乘系数

项 目 名 称	系　　数	工程量计算方法
单层木门	1.00	按单面洞口面积计算
双层(一玻一纱)木门	1.36	
双层(单裁口)木门	2.00	
单层全玻璃门	0.83	
木百叶门	1.25	

注：本表为木材面油漆。

表6-10　执行木窗定额工程量系数表

项 目 名 称	系　　数	工程量计算方法
单层玻璃窗	1.00	按单面洞口面积计算
双层(一玻一纱)木窗	1.36	
双层框扇(单裁口)木窗	2.00	
双层框三层(二玻一纱)木窗	2.60	
单层组合窗	0.83	
双层组合窗	1.13	
木百叶窗	1.50	

注：本表为木材面油漆。

表6-11　执行木扶手定额工程量系数表

项 目 名 称	系　　数	工程量计算方法
木扶手(不带托板)	1.00	按延长米计算
木扶手(带托板)	2.60	
窗帘盒	2.04	
封檐板、顺水板	1.74	
挂衣板、黑板框、单独木线条100mm以外	0.52	
挂镜线、窗帘棍、单独木线条100mm以内	0.35	

注：本表为木材面油漆。

表6-12　执行其他木材面定额工程量系数表

项 目 名 称	系　　数	工程量计算方法
木板、纤维板、胶合板顶棚	1.00	长×宽
木护墙、木墙裙	1.00	
窗帘板、筒子板、盖板、门窗套、踢脚线	1.00	
清水板条顶棚、檐口	1.07	

（续）

项 目 名 称	系 数	工程量计算方法
木方格吊顶顶棚	1.20	长×宽
吸声板墙面、顶棚面	0.87	
散热器罩	1.28	
木间壁、木隔断	1.90	单面外圈面积
玻璃间壁露明墙筋	1.65	
木栅栏、木栏杆（带扶手）	1.82	
衣柜、壁柜	1.00	按实刷展开面积
零星木装修	1.10	展开面积
梁柱饰面	1.00	展开面积

注：本表为木材面油漆。

表6-13 抹灰面油漆、涂料、裱糊工程量系数表

项 目 名 称	系 数	工程量计算方法
混凝土楼梯底（板式）	1.15	水平投影面积
混凝土楼梯底（梁式）	1.00	展开面积
混凝土花格窗、栏杆花饰	1.82	单面外围面积
楼地面、顶棚、墙、柱、梁面	1.00	展开面积

注：本表为抹灰面油漆、涂料、裱糊。

2）木材面的工程量分别按表6-9～表6-13相应的计算规则计算。

3）金属构件油漆的工程量按构件重量计算。

4）定额中的隔断、护壁、柱、顶棚木龙骨及木地板中木龙骨带毛地板，刷防火涂料工程量计算规则如下：

① 隔墙、护壁木龙骨按面层正立面投影面积计算。

② 柱木龙骨按其面层外围面积计算。

③ 顶棚木龙骨按其水平投影面积计算。

④ 木地板中木龙骨及木龙骨带毛地板按地板面积计算。

⑤ 隔墙、护壁、柱、顶棚面层及木地板刷防火涂料，执行其他木材刷防火涂料子目。

⑥ 木楼梯（不包括底面）油漆，按水平投影面积乘以2.3系数，执行木地板相应子目。

6.3 油漆、涂料、裱糊工程工程量清单编制实例

实例1：某房间内墙裙抹灰的清单工程量计算

某房间内墙抹灰，墙裙高1.6m；房间底面周长为25m；试计算房间内墙裙抹灰的清单工程量。

【解】

内墙裙抹灰清单工程量：

$25 \times 1.6 = 40$（m^2）

实例2：双层（一玻一纱）木窗油漆的工程量计算

如图6-1所示为双层（一玻一纱）木窗，洞口尺寸为1340mm×1750mm，共22樘，设计为刷润油粉一遍，刮腻子，刷调和漆一遍，磁漆两遍，试计算木窗油漆的清单工程量。

【解】

木窗油漆的清单工程量：

1.34×1.75×22

=51.59（m²）

实例3：某会议室柱抹灰面做假木纹的油漆工程量计算

如图6-2所示，某会议室柱抹灰面做假木纹，榉木装饰板材面层刷底油、刮腻子、色聚氯酯漆五遍，木龙骨（双面）、基层板（单面）刷防火涂料两遍，计算其清单的工程量。

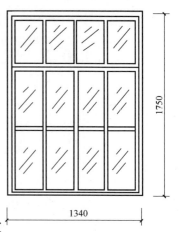

图6-1 一玻一纱双层木窗
（单位：mm）

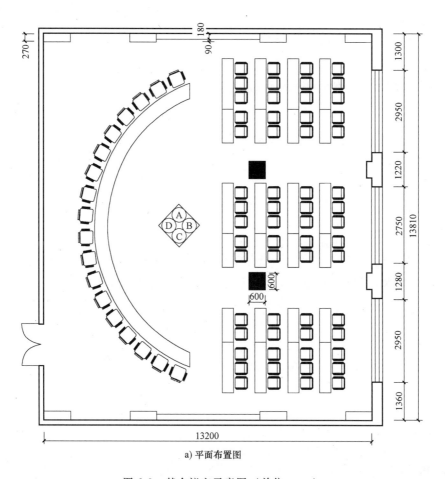

a) 平面布置图

图6-2 某会议室示意图（单位：mm）

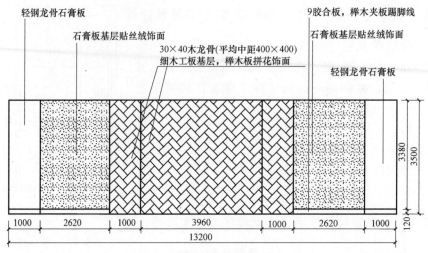

轻钢龙骨石膏板
石膏板基层贴丝绒饰面
30×40木龙骨(平均中距400×400)
细木工板基层，榉木板拼花饰面
9胶合板，榉木夹板踢脚线
石膏板基层贴丝绒饰面
轻钢龙骨石膏板

1000　2620　1000　3960　1000　2620　1000
13200
3500　3380　120

b) A立面示意图

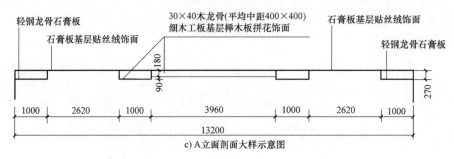

轻钢龙骨石膏板
石膏板基层贴丝绒饰面
30×40木龙骨(平均中距400×400)
细木工板基层榉木板拼花饰面
石膏板基层贴丝绒饰面
轻钢龙骨石膏板

1000　2620　1000　3960　1000　2620　1000
13200

c) A立面剖面大样示意图

图 6-2　某会议室示意图（单位：mm）（续）

【解】

（1）柱抹灰面做假木纹

$0.6 \times 4 \times 3.5 \times 2 \times 1$

$= 16.8$（m^2）

【注释】 该会议室共有两个 600mm×600mm 的柱子。

（2）墙面榉木装饰板面层刷底油、刮腻子、色聚氨酯漆五遍

$[(0.27 + 1 + 0.09) \times 2 + 3.96] \times 3.5 \times 1$

$= 23.38$（m^2）

（3）踢脚线榉木夹板刷底油、刮腻子、色聚氨酯漆五遍

$[(1 + 0.27) \times 2 + 2.62 \times 2] \times 0.12 \times 1$

$= (2.54 + 5.24) \times 0.12 \times 1$

$= 0.93$（m^2）

（4）木龙骨（双面）刷防火涂料两遍

$[(0.27 + 1 + 0.09) \times 2 + 3.96] \times 3.5 \times 1$

$= 23.38$（m^2）

（5）细木工板基层（单面）刷防火涂料两遍

$$\left[(0.27+1+0.09)\times2+3.96\right]\times3.5\times1$$

$$=23.38\ (m^2)$$

（6）踢脚线 9mm 胶合板基层（单面）刷防火涂料两遍

$$\left[(1+0.27)\times2+2.62\times2\right]\times0.12\times1$$

$$=(2.54+5.24)\times0.12\times1$$

$$=0.93\ (m^2)$$

实例 4：某工程挂镜线油漆和墙面贴对花墙纸工程量计算

某工程如图 6-3 所示，内墙抹灰面满刮腻子两遍，贴对花墙纸，挂镜线刷底油一遍，调和漆两遍，试计算挂镜线油漆和墙面贴对花墙纸工程量。

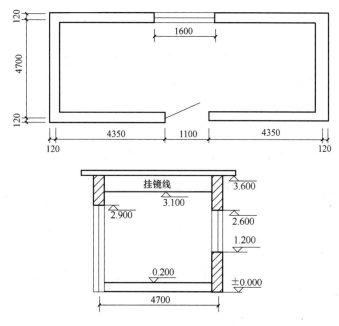

图 6-3　某工程剖面图（单位：mm）

【解】

（1）挂镜线油漆

$$(9.8-0.24+4.7-0.24)\times2$$

$$=28.04\ (m)$$

【注释】　$4350+1100+4350=9800\ (mm)=9.8\ (m)$

（2）墙纸裱糊

$$(9.8-0.24+4.7-0.24)\times2\times(3.1-0.2)-1.1\times(2.6-0.2)-1.6\times1.4$$

$$+\left[1.1+(2.6-0.2)\times2+(1.6+1.4)\times2\right]\times0.12$$

$$=14.02\times2\times2.9-2.64-2.24+(1.1+4.8+6)\times0.12$$

$$=76.436+1.428$$

$$=77.86\ (m^2)$$

实例 5：某房间做榉木板面层窗台面的工程量计算

某房间做榉木板面层窗台面，做法：木龙骨、细木工板面榉木板，木龙骨、细木工板基层刷防火涂料，榉木板面层刷清漆，防火涂料两遍，清漆 3 遍磨退出亮，如图 6-4 所示。请计算其清单工程量。

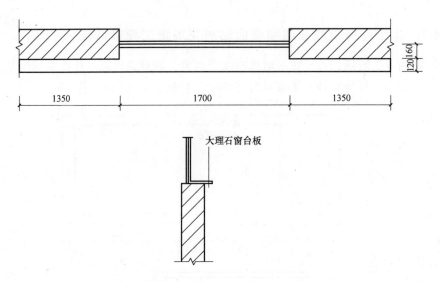

图 6-4　某房间面层窗台板（单位：mm）

【解】

（1）榉木木窗台板

$1.35 + 1.35 + 1.7$

$= 4.4$（m）

（2）窗台板油漆

$0.16 \times 1.7 + 0.12 \times 4.4$

$= 0.272 + 0.528$

$= 0.8$（m^2）

实例 6：某散热器罩油漆工程量计算

如图 6-5 所示，散热器罩木龙骨细木工板基层、榉木板面层刷底油一遍、透明腻子一遍、聚酯清漆两遍。试计算散热器罩油漆工程量。

【解】

散热器罩油漆工程量：

$(0.85 + 1.35 + 0.85) \times (0.97 + 0.25) \times 1.28$

$= 3.05 \times 8.15 \times 1.28$

$= 31.82$（m^2）

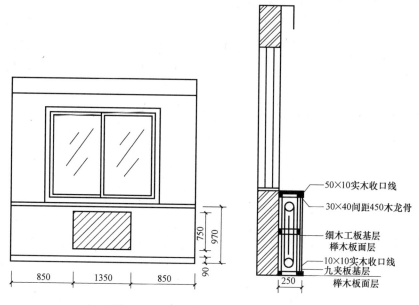

图 6-5 散热器罩示意图（单位：mm）

【注释】 查《全国统一建筑装饰装修工程消耗量定额》（GYD-901—2002）可得散热器罩的定额工程系数为 1.28。

实例 7：某仓库防盗钢窗栅油漆工程量计算

某办公室窗扇的防盗钢窗栅（尺寸：1900mm × 1600mm），中间使用的 $\phi 8$ 钢筋，数量为 38 根。四周外框及两横档为 $30 × 30 × 2.0$ 角钢，30 角钢 1.18kg/m。试计算其清单工程量。

【解】

（1）$\phi 8$ 钢筋工程量

$L = 1.9 × 38$

$\quad = 72.2$ （m）

（2）30 角钢长度

$L = 1.9 × 2 + 1.6 × 4$

$\quad = 3.8 + 6.4$

$\quad = 10.2$ （m）

实例 8：某墙裙油漆的工程量计算

已知某住宅房间木墙裙高 1450mm，窗台高 1100mm，窗洞侧涂油漆 100mm 宽，如图 6-6 所示。请根据已知条件计算此墙裙油漆工程量。

【解】

墙裙油漆工程量：

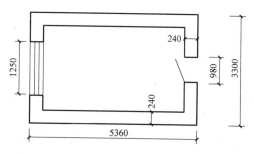

图 6-6 某住宅房间木墙裙示意图（单位：mm）

$$S = [(5.36 - 0.24 \times 2) \times 2 + (3.3 - 0.24 \times 2) \times 2] \times 1.45 - [1.25 \times (1.45 - 1.1) + 0.98 \times$$
$$1.45] + (1.45 - 1.1) \times 0.1 \times 2$$
$$= (9.76 + 5.64) \times 1.45 - (0.4375 + 1.421) + 0.07$$
$$= 22.33 - 1.8585 + 0.07$$
$$= 20.54 \ (m^2)$$

实例9：某办公楼楼梯间窗户为混凝土花格窗其涂料工程量计算

如图6-7所示，某办公楼一楼楼梯间窗户为混凝土花格窗，试计算其涂料工程量。

【解】

涂料的工程量：

$2.124 \times 2.885 \times 1.82 = 11.15 \ (m^2)$

【注释】 查《全国统一建筑装饰装修工程消耗量定额》（GYD-901—2002）可得花格窗定额工程系数为1.82。

实例10：某金属构件油漆的工程量计算

如图6-8所示为一个金属构件，现在欲给它涂一层金属油漆，已知该金属构件的密度为$\rho kg/m^3$，试求该金属构件油漆的工程量。

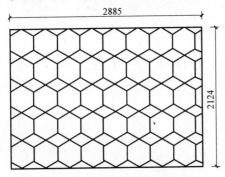

图6-7　混凝土花格窗立面（单位：mm）

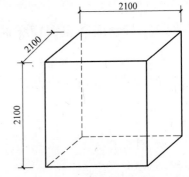

图6-8　金属构件示意图（单位：mm）

【解】

金属构件油漆的清单工程量：

$2.1 \times 2.1 \times 2.1 \times \rho = 9.26\rho \ (kg)$

$= 0.0093\rho \ (t)$

实例11：某职工宿舍的实木门扇的工程量清单编制

某职工宿舍要安装实木门扇8樘（图6-9），门扇面层刷亚光面漆（做法底油、刮腻子、聚氨酯清漆两遍、漆片两遍、亚光面漆两遍）；试计算该职工宿舍的实木门扇的工程量并编制工程量清单。

【解】

实木门油漆清单工程量：8樘

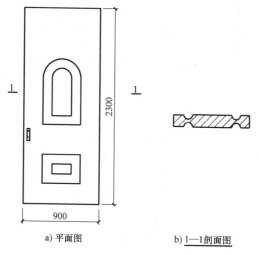

a) 平面图   b) 1—1剖面图

图6-9 实木门扇（单位：mm）

清单工程量计算见表6-14。

表6-14 清单工程量计算表（一）

项目编号	项目名称	项目特征描述	计量单位	工程量
011401001001	木门油漆	1. 防护材料种类：亚光面漆 2. 油漆品种、刷漆遍数：聚氨酯清漆两遍、漆片两遍、亚光面漆两遍	樘	8

实例12：某直栅漏空木隔断的工程量清单编制

如图6-10所示为直栅漏空木隔断，涂刷硝基清漆，试计算其工程量并编制工程量清单。

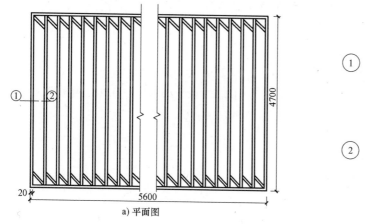

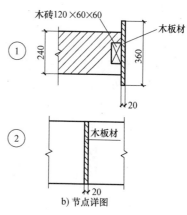

a) 平面图   b) 节点详图

图6-10 直栅漏空木隔断（单位：mm）

【解】

（1）木隔断清单工程量

5.6×4.7＝26.32（m²）

（2）油漆清单工程量

$$5.6 \times 4.7 = 26.32 \ (m^2)$$

清单工程量计算表见表6-15。

表6-15　清单工程量计算表（二）

序号	项目编号	项目名称	项目特征描述	计量单位	工程量
1	011210001001	木隔断	花式木隔断:直栅漏空	m²	26.32
2	011404008001	木间壁、木隔断油漆	油漆:硝基清漆	m²	26.32

实例13：某工程挂镜线底油、刮腻子、调和漆的工程量清单编制

某工程构造如图6-11所示，门窗居中安装，门窗框厚均为80mm。内墙抹灰面满刮腻子2遍，贴拼花墙纸；挂镜线底油1遍，刮腻子，调和漆3遍；挂镜线以上及顶棚刷喷涂料，乳胶漆3遍。请计算墙纸裱糊、挂镜线油漆以及刷喷涂料的工程量并编制工程量清单。

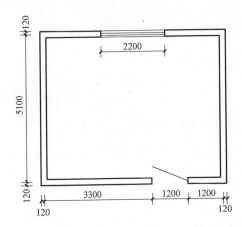 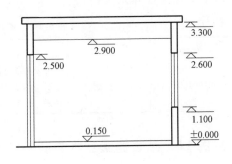

图6-11　某工程构造示意图（单位：mm）

【解】

（1）墙纸裱糊工程量

$$S = (3.3 + 1.2 + 1.2 - 0.24 + 5.1 - 0.24) \times 2 \times (2.9 - 0.15) - 1.2 \times (2.5 - 0.15) - 2.2$$
$$\times (2.6 - 1.1) + [1.2 + (2.5 - 0.15) \times 2 + (2.2 + 1.5) \times 2] \times (0.24 - 0.08) \div 2$$
$$= 20.64 \times 2.75 - 2.82 - 3.3 + (1.2 + 4.7 + 7.4) \times 0.16 \div 2$$
$$= 50.64 + 1.064$$
$$= 51.704 \ (m^2)$$

【注释】　$2.6 - 1.1 = 2.5$（m）

（2）挂镜线油漆工程量

$$L = (5.7 - 0.24 + 5.1 - 0.24) \times 2$$
$$= 20.64 \ (m)$$

（3）刷喷涂料工程量

$$S = (5.7 - 0.24 + 5.1 - 0.24) \times 2 \times (3.3 - 2.9) + (5.7 - 0.24) \times (5.1 - 0.24)$$
$$= 20.64 \times 0.4 + 5.46 \times 4.86$$

$= 34.79$（m^2）

【注释】　$3300 + 1200 + 1200 = 5700$（mm）$= 5.7$（m）

清单工程量计算表见表6-16。

表6-16　清单工程量计算表（三）

序号	项目编号	项目名称	项目特征描述	计量单位	工程量
1	011408001001	墙纸裱糊	满刮腻子两遍，贴拼花墙纸	m^2	51.704
2	011403005001	挂镜线油漆	满刮腻子两遍	m	20.64
3	011407002001	顶棚喷刷涂料	1. 喷刷涂料部位：挂镜线以上及顶棚刷喷涂料 2. 涂料品种、喷刷遍数：乳胶漆3遍	m^2	34.79

实例14：某工程单层木窗油漆的工程量清单编制

某工程一单层木窗长为1.5m，宽为1.5m，共有42樘，润油粉，刮一遍腻子，调和漆三遍，磁漆一遍。试计算其工程量并编制工程量清单。

【解】

单层木窗油漆的清单工程量：42樘

清单工程量计算见表6-17。

表6-17　清单工程量计算表（四）

项目编号	项目名称	项目特征描述	计量单位	工程量
011402001001	木窗油漆	窗类型：单层推拉窗；刮一遍腻子；润油粉；调和漆三遍；磁漆一遍	樘	42

实例15：某装饰工程造型木墙裙油漆分部分项工程量清单编制

如图6-12所示为某装饰工程造型木墙裙长5.55m，高0.9m，外挑0.25m。面层凸出部

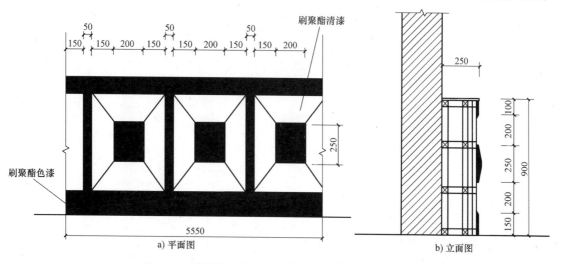

图6-12　某装饰工程造型木墙裙示意图（单位：mm）

分（涂黑部位）刷聚酯亚光色漆，其他部位刷聚酯亚光清漆，均按刷透明腻子一遍、底漆一遍、面漆三遍的要求施工。试计算木墙裙油漆工程量并编制工程量清单。

【解】

（1）木饰面板、有造型墙裙工程量

$5.55 \times 0.9 - 5.55 \times (0.15 + 0.1) - 0.65 \times 0.05 \times 11 - 0.25 \times 0.2 \times 10$

$= 4.995 - 1.3875 - 0.3575 - 0.5$

$= 2.75$（m^2）

（2）木护墙、木墙裙油漆工程量

$5.55 \times (0.15 + 0.1) + 0.65 \times 0.05 \times 11 + 0.25 \times 0.2 \times 10$

$= 1.3875 + 0.3575 + 0.5$

$= 2.245$（m^2）

清单工程量计算见表6-18。

表 6-18　清单工程量计算表（五）

序号	项目编码	项目名称	项目特征描述	计量单位	工程数量
1	011404001001	木护墙、木墙裙油漆	1. 基层类型：木饰面板、有造型墙裙 2. 油漆种类、刷油要求：聚酯亚光清漆，透明腻子一遍、底漆一遍、面漆三遍	m^2	2.75
2	011404001002	木护墙、木墙裙油漆	1. 基层类型：木饰面板、有造型墙裙 2. 油漆种类、刷油要求：聚酯亚光色漆，透明腻子一遍、底漆一遍、面漆三遍	m^2	2.245

第7章 其他工程

7.1 其他工程清单工程量计算规则

1. 柜类、货架

柜类、货架工程量清单项目设置、项目特征描述的内容、计量单位、工程量计算规则应按表7-1的规定执行。

表 7-1　柜类、货架（编号：011501）

项目编码	项目名称	项目特征	计量单位	工程量计算规则	工程内容
011501001	柜台	1. 台柜规格 2. 材料种类、规格 3. 五金种类、规格 4. 防护材料种类 5. 油漆品种、刷漆遍数	1. 个 2. m 3. m³	1. 以个计量，按设计图示数量计量 2. 以米计量，按设计图示尺寸以延长米计算 3. 以立方米计量，按设计图示尺寸以体积计算	1. 台柜制作、运输、安装（安放） 2. 刷防护材料、油漆 3. 五金件安装
011501002	酒柜				
011501003	衣柜				
011501004	存包柜				
011501005	鞋柜				
011501006	书柜				
011501007	厨房壁柜	1. 台柜规格 2. 材料种类、规格 3. 五金种类、规格 4. 防护材料种类 5. 油漆品种、刷漆遍数	1. 个 2. m 3. m³	1. 以个计量，按设计图示数量计量 2. 以米计量，按设计图示尺寸以延长米计算 3. 以立方米计量，按设计图示尺寸以体积计算	1. 台柜制作、运输、安装（安放） 2. 刷防护材料、油漆 3. 五金件安装
011501008	木壁柜				
011501009	厨房低柜				
011501010	厨房吊柜				
011501011	矮柜				
011501012	吧台背柜				
011501013	酒吧吊柜				
011501014	酒吧台				
011501015	展台				
011501016	收银台				
011501017	试衣间				
011501018	货架				
011501019	书架				
011501020	服务台				

2. 压条、装饰线

压条、装饰线工程量清单项目设置、项目特征描述的内容、计量单位、工程量计算规则应按表7-2的规定执行。

表7-2　压条、装饰线（编号：011502）

项目编码	项目名称	项目特征	计量单位	工程量计算规则	工程内容
011502001	金属装饰线	1. 基层类型 2. 线条材料品种、规格、颜色 3. 防护材料种类	m	按设计图示尺寸以长度计算	1. 线条制作、安装 2. 刷防护材料
011502002	木质装饰线				
011502003	石材装饰线				
011502004	石膏装饰线				
011502005	镜面玻璃线	1. 基层类型 2. 线条材料品种、规格、颜色 3. 防护材料种类			
011502006	铝塑装饰线				
011502007	塑料装饰线				
011502008	GRC装饰线条	1. 基层类型 2. 线条规格 3. 线条安装部位 4. 填充材料种类			线条制作安装

3. 扶手、栏杆、栏板装饰

扶手、栏杆、栏板装饰工程量清单项目的设置、项目特征描述的内容、计量单位、工程量计算规则应按表7-3的规定执行。

表7-3　扶手、栏杆、栏板装饰（编号：011503）

项目编码	项目名称	项目特征	计量单位	工程量计算规则	工程内容
011503001	金属扶手、栏杆、栏板	1. 扶手材料种类、规格 2. 栏杆材料种类、规格 3. 栏板材料种类、规格、颜色 4. 固定配件种类 5. 防护材料种类	m	按设计图示以扶手中心线长度（包括弯头长度）计算	1. 制作 2. 运输 3. 安装 4. 刷防护材料
011503002	硬木扶手、栏杆、栏板				
011503003	塑料扶手、栏杆、栏板				
011503004	GRC栏杆、扶手	1. 栏杆的规格 2. 安装间距 3. 扶手类型、规格 4. 填充材料种类			
011503005	金属靠墙扶手	1. 扶手材料种类、规格 2. 固定配件种类 3. 防护材料种类			
011503006	硬木靠墙扶手				
011503007	塑料靠墙扶手				
011503008	塑料靠墙扶手	1. 栏杆玻璃的种类、规格、颜色 2. 固定方式 3. 固定配件种类			

4. 散热器罩

散热器罩工程量清单项目设置、项目特征描述的内容、计量单位、工程量计算规则、应按表7-4的规定执行。

表 7-4 散热器罩（编号：011504）

项目编码	项目名称	项目特征	计量单位	工程量计算规则	工程内容
011504001	饰面板散热器罩	1. 散热器罩材质 2. 防护材料种类	m²	按设计图示尺寸以垂直投影面积（不展开）计算。	1. 散热器罩制作、运输、安装 2. 刷防护材料、油漆
011504002	塑料板散热器罩				
011504003	金属散热器罩				

5. 浴厕配件

浴厕配件工程量清单项目设置、项目特征描述的内容、计量单位、工程量计算规则应按表 7-5 的规定执行。

表 7-5 浴厕配件（编号：011505）

项目编码	项目名称	项目特征	计量单位	工程量计算规则	工程内容
011505001	洗漱台	1. 材料品种、规格、品牌、颜色 2. 支架、配件品种、规格、品牌	1. m² 2. 个	1. 按设计图示尺寸以台面外接矩形面积计算。不扣除孔洞、挖弯、削角所占面积，挡板、吊沿板面积并入台面面积内 2. 按设计图示数量计算	1. 台面及支架、运输、安装 2. 杆、环、盒、配件安装 3. 刷油漆
011505002	晒衣架	1. 材料品种、规格、品牌、颜色 2. 支架、配件品种、规格、品牌	个	按设计图示数量计算	1. 台面及支架、运输、安装 2. 杆、环、盒、配件安装 3. 刷油漆
011505003	帘子杆				
011505004	浴缸拉手				
011505005	卫生间扶手				1. 台面及支架制作、运输、安装
011505006	毛巾杆（架）		套		2. 杆、环、盒、配件安装
011505007	毛巾环		副		3. 刷油漆
011505008	卫生纸盒		个		
011505009	肥皂盒				
011505010	镜面玻璃	1. 镜面玻璃品种、规格 2. 框材质、断面尺寸 3. 基层材料种类 4. 防护材料种类	m²	按设计图示尺寸以边框外围面积计算	1. 基层安装 2. 玻璃及框制作、运输、安装
011505011	镜箱	1. 箱材质、规格 2. 玻璃品种、规格 3. 基层材料种类 4. 防护材料种类 5. 油漆品种、刷漆遍数	个	按设计图示数量计算	1. 基层安装 2. 箱体制作、运输、安装 3. 玻璃安装 4. 刷防护材料、油漆

6. 雨篷、旗杆

雨篷、旗杆工程量清单项目设置、项目特征描述的内容、计量单位、工程量计算规则应按表 7-6 的规定执行。

7. 招牌、灯箱

招牌、灯箱工程量清单项目设置、项目特征描述的内容、计量单位、应按表 7-7 的规定执行。

表 7-6　雨篷、旗杆（编号：011506）

项目编码	项目名称	项目特征	计量单位	工程量计算规则	工程内容
011506001	雨篷吊挂饰面	1. 基层类型 2. 龙骨材料种类、规格、中距 3. 面层材料品种、规格、品牌 4. 吊顶（顶棚）材料品种、规格、品牌 5. 嵌缝材料种类 6. 防护材料种类	m²	按设计图示尺寸以水平投影面积计算	1. 底层抹灰 2. 龙骨基层安装 3. 面层安装 4. 刷防护材料、油漆
011506002	金属旗杆	1. 旗杆材料、种类、规格 2. 旗杆高度 3. 基础材料种类 4. 基座材料种类 5. 基座面层材料、种类、规格	根	按设计图示数量计算	1. 土石挖、填、运 2. 基础混凝土浇注 3. 旗杆制作、安装 4. 旗杆台座制作、饰面
011506003	玻璃雨篷	1. 玻璃雨篷固定方式 2. 龙骨材料种类、规格、中距 3. 玻璃材料品种、规格、品牌 4. 嵌缝材料种类 5. 防护材料种类	m²	按设计图示尺寸以水平投影面积计算	1. 龙骨基层安装 2. 面层安装 3. 刷防护材料、油漆

表 7-7　招牌、灯箱（编号：011507）

项目编码	项目名称	项目特征	计量单位	工程量计算规则	工程内容
011507001	平面、箱式招牌	1. 箱体规格 2. 基层材料种类 3. 面层材料种类 4. 防护材料种类	m²	按设计图示尺寸以正立面边框外围面积计算。复杂形的凸凹造型部分不增加面积	1. 基层安装 2. 箱体及支架制作、运输、安装 3. 面层制作、安装 4. 刷防护材料、油漆
011507002	竖式标箱		个	按设计图示数量计算	
011507003	灯箱				
011507004	信报箱	1. 箱体规格 2. 基层材料种类 3. 面层材料种类 4. 保护材料种类 5. 户数	个	按设计图示数量计算	1. 基层安装 2. 箱体及支架制作、运输、安装 3. 面层制作、安装 4. 刷防护材料、油漆

8. 美术字

美术字工程量清单项目设置、项目特征描述的内容、计量单位，应按表 7-8 的规定执行。

表 7-8　美术字（编号：011508）

项目编码	项目名称	项目特征	计量单位	工程量计算规则	工程内容
011508001	泡沫塑料字	1. 基层类型 2. 镀字材料品种、颜色 3. 字体规格 4. 固定方式 5. 油漆品种、刷漆遍数	个	按设计图示数量计算	1. 字制作、运输、安装 2. 刷油漆
011508002	有机玻璃字				
011508003	木质字				
011508004	金属字				
011508005	吸塑字				

7.2 其他工程定额工程量计算规则

1. 其他装饰工程定额说明

1）《全国统一建筑装饰装修工程消耗量定额》其他工程定额项目包括招牌、灯箱、美术字、压条、装饰线、散热器罩、镜面玻璃、货架、各种柜类的装饰及各种拆除等9节211个子目。

2）该定额项目在实际施工中使用的材料品种、规格与定额取定不同时，可以换算，但人工、材料不变。

3）该定额中铁件已包括刷防锈漆一遍，如设计需涂刷油漆、防火涂料按本章油漆、涂料、裱糊工程相应子目执行。

4）招牌基层。

① 平面招牌是指安装在门前的墙面上；箱式招牌、竖式招牌是指六面体固定在墙面上；沿雨篷、檐口、阳台走向立式招牌，按平面招牌复杂项目执行。

② 一般招牌和矩形招牌是指正立面平整无凸面；复杂招牌和异形招牌是指正立面有凹凸造型。

③ 招牌的灯饰均不包括在定额内。

5）美术字安装。

① 美术字均以成品安装固定为准。

② 美术字不分字体均执行本定额。

6）装饰线条。

① 木装饰线、石膏装饰线均以成品安装为准。

② 石材装饰线条均以成品安装为准。石材装饰线条磨边、磨圆角均包括在成品的单价中，不再另计。

7）石材磨边、磨斜边、磨半圆边及台面开孔子目均为现场磨制。

8）装饰线条以墙面上直线安装为准，如顶棚安装直线形、圆弧形或其他图案者，按以下规定计算：

① 顶棚面安装直线装饰线条，人工乘以1.34系数。

② 顶棚面安装圆弧装饰线条，人工乘1.6系数，材料乘1.1系数。

③ 墙面安装圆弧装饰线条，人工乘1.2系数，材料乘1.1系数。

④ 装饰线条做艺术图案者，人工乘以1.8系数，材料乘以1.1系数。

9）散热器罩挂板式是指钩挂在暖气片上；平墙式是指凹入墙内，明式是指凸出墙面；半凹半凸式按明式定额子目执行。

10）货架、柜类定额中未考虑面板拼花及饰面板上贴其他材料的花饰、造型艺术品。

2. 其他装饰工程定额工程量计算规则

1）招牌、灯箱。

① 平面招牌基层按正立面面积计算，复杂性的凹凸造型部分亦不增减。

② 沿雨篷、檐口或阳台走向的立式招牌基层，按平面招牌复杂性执行时，应按展开面积计算。

③ 箱体招牌和竖式标箱的基层，按外围体积计算。凸出箱外的灯饰、店徽及其他艺术装潢等均另行计算。

④ 灯箱的面层按展开面积以"m^2"计算。

⑤ 广告牌钢骨架以吨计算。

2）美术字安装按字的最大外围矩形面积以个计算。

3）压条、装饰线条均按延长米计算。

4）散热器罩按边框外围尺寸垂直投影面积计算。

5）镜面玻璃、盥洗室木镜箱安装以正立面面积计算。

6）塑料镜箱、毛巾环、肥皂盒、金属帘子杆、浴缸拉手、毛巾杆安装以只或副计算。不锈钢旗杆以延长米计算。大理石洗漱台以台面投影面积计算（不扣除孔洞面积）。

7）货架、橱柜类均以正立面的高（包括脚的高度在内）乘以宽以"m^2"计算。

8）收银台、试衣间等以个计算，其他以延长米为单位计算。

9）拆除工程量按拆除面积或长度计算，执行相应子项目。

7.3 其他工程工程量清单编制实例

实例1：某幼儿园钢结构箱式招牌的工程量计算

某幼儿园采用钢结构箱式招牌，面层为米色铝塑板，店名采用不锈钢字，规格为600mm×600mm，如图7-1所示，试计算招牌的清单工程量。

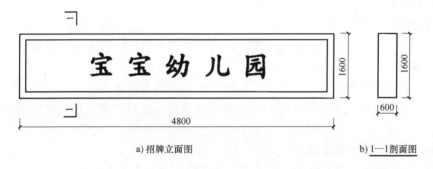

a) 招牌立面图   b) 1—1剖面图

图 7-1　某箱式招牌示意图（单位：mm）

【解】

箱式招牌基层清单工程量：

$4.8 \times 1.6 \times 0.6$

$= 4.61$ （m^3）

实例2：某卫生间不锈钢卫生纸盒的工程量计算

某卫生间墙面立面图如图7-2所示，计算不锈钢卫生纸盒等安装的清单工程量。

【解】

不锈钢卫生纸盒的工程量为：1只

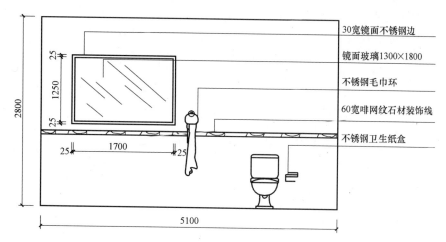

图 7-2　某卫生间墙面立面示意图（单位：mm）

实例 3：某房间窗做贴脸板、筒子板及窗台板的工程量计算

某房间一侧立面如图 7-3 所示，其窗做贴脸板、筒子板及窗台板，墙角做木压条，其中窗台板宽 160mm，筒子板宽 140mm。试计算其工程量。

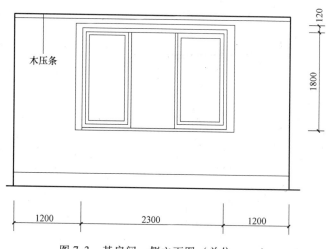

图 7-3　某房间一侧立面图（单位：mm）

【解】

（1）贴脸板的工程量

$[(1.8+0.12\times2)\times2+2.3+0.12\times2]\times0.12$

$=(4.08+2.3+0.24)\times0.12$

$=0.79$（m²）

（2）筒子板的工程量

$(2.3+1.8\times2)\times0.14$

$=0.83$（m²）

（3）窗台板的工程量

$2.3 \times 0.16 = 0.37$ （m^2）

（4）木压条的工程量

$1.2 + 2.3 + 1.2$

$= 4.7$ （m）

实例4：某工厂厂区旗杆的工程量计算

某工厂厂区旗杆，混凝土 C10 基础 3100mm×720mm×220mm，砖基座 3300mm×800mm×220mm，基座面层贴芝麻白 24mm 厚花岗石板，5 根不锈钢管，每根长 13.5m，φ63.5mm，壁厚 1.4mm。计算相应工程量。

【解】

工厂厂区旗杆的清单工程量：5 根

实例5：某宾馆洗漱台大理石工程量计算

已知某宾馆需要制作安装 45 个卫生间洗漱台台面，采用国产绿金玉大理石，安装完毕后酸洗打蜡，台面上挖去一个椭圆形孔洞以安置洗脸盆，一个 φ20 的孔洞以安置冷热水管，台面两边需圆角。同时，洗漱台靠墙侧需以同样材料做一挡板，高 100mm。大小如图 7-4 所示。试计算洗漱台大理石工程量。

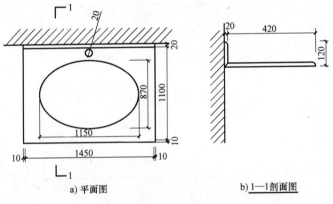

a) 平面图　　　　　　　　b) 1—1剖面图

图 7-4　洗漱台示意图（单位：mm）

【解】

洗漱台工程量：

$S = [(1.45 + 0.01 \times 2) \times (1.1 + 0.02 + 0.01) + 0.1 \times (1.45 + 0.01 \times 2)] \times 45$

$= (1.47 \times 1.13 + 0.147) \times 45$

$= 81.37$ （m^2）

实例6：平墙式散热器罩的工程量计算

如图 7-5 所示为平墙式散热器罩示意图，五合板基层，榉木板面层，机制木花格散热口，共 33 个，计算饰面板散热器罩的工程量。

【解】

饰面板散热器罩工程量：

$$S = (1.65 \times 1.2 - 1.35 \times 0.15 - 1.05 \times 0.35) \times 33$$
$$= (1.98 - 0.2025 - 0.3675) \times 33$$
$$= 46.53 \ (m^2)$$

实例7：卫生间墙面银镜计算

某酒店卫生间墙面银镜正立面图如图7-6所示，试计算其银镜工程量。

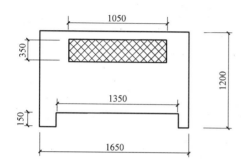

图7-5　平墙式散热器罩示意图（单位：mm）

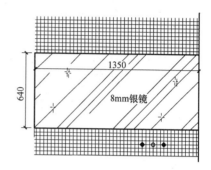

图7-6　卫生间墙面银镜正立面图（单位：mm）

【解】

银镜的工程量：

$$0.64 \times 1.35 = 0.86 \ (m^2)$$

实例8：某酒店豪华套房其散热器罩工程量计算

图7-7为某酒店豪华套房立面图。请计算其散热器罩工程量。

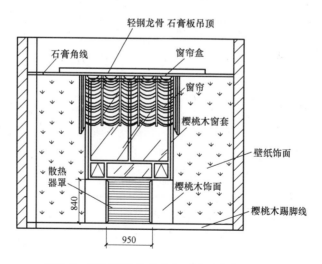

图7-7　某酒店豪华套房立面图（单位：mm）

【解】

散热器罩工程量：

$$0.95 \times 0.84 = 0.798 \ (m^2)$$

实例9：木骨架全玻璃隔墙工程量计算

如图7-8所示，一木骨架全玻璃隔墙，求木骨架全玻璃隔墙的工程量。

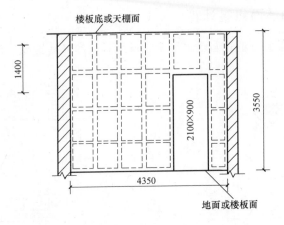

图7-8　木骨架全玻璃隔墙示意图（单位：mm）

【解】

木骨架全玻璃隔墙工程量：

$4.35 \times 3.55 - 2.1 \times 0.9$

$= 15.4425 - 1.89$

$= 13.55$（m^2）

【注释】 需要扣除门2100mm×900mm的尺寸。

实例10：某商场展台的工程量清单编制

如图7-9所示为某商场展台样式，长为2200mm，宽为1480mm，高为3100mm，试计算其工程量并编制工程量清单。

【解】

柜类、货架清单工程数量：1个

清单工程量计算表见表7-9。

表7-9　清单工程量计算表（一）

项目编号	项目名称	项目特征描述	计量单位	工程量
011501015001	展台	1. 台柜规格：2200mm×3100mm×1480mm 2. 材料种类、规格：白枫木贴面板、防火板	个	1

实例11：井格式木隔断的工程量清单编制

如图7-10所示井格式木隔断，试计算井格式木隔断工程量并编制工程量清单。

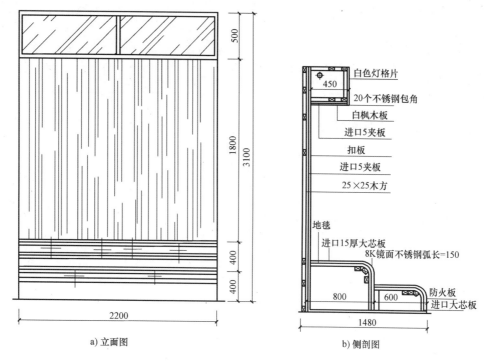

图 7-9 展台示意图（单位：mm）

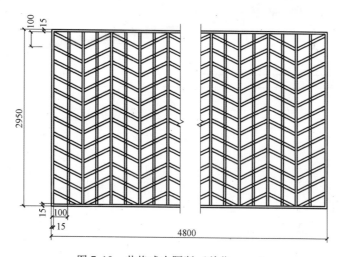

图 7-10 井格式木隔断（单位：mm）

【解】

（1）木隔断清单工程量

2.95×4.8=14.16（m²）

（2）油漆工程量

2.95×4.8=14.16（m²）

清单工程量计算见表 7-10。

表7-10　清单工程量计算表（二）

序号	项目编号	项目名称	项目特征描述	计量单位	工程量
1	011210001001	木隔断	花式木隔断：井格	m^2	14.16
2	011404008001	木间壁、木隔断油漆	油漆：硝基清漆	m^2	14.16

实例12：卫生间镜面玻璃、镜面不锈钢饰线、石材饰线、毛巾环清单工程量编制

某卫生间如图7-11所示，试计算卫生间镜面玻璃、镜面不锈钢饰线、石材饰线、毛巾环工程量并编制工程量清单。

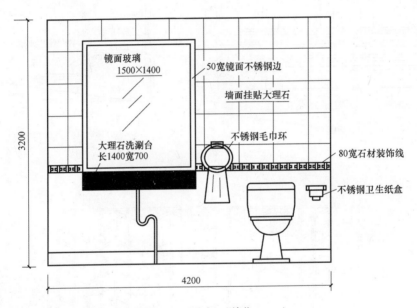

图7-11　卫生间（单位：mm）

【解】

（1）镜面玻璃清单工程量

$1.5 \times 1.4 = 2.1$（m^2）

（2）毛巾环清单工程量　1副

（3）不锈钢饰线清单工程量

$2 \times (1.4 + 2 \times 0.05 + 1.5)$

$= 6.0$（m）

（4）石材饰线清单工程量

$4.2 - (1.4 + 0.05 \times 2)$

$= 4.2 - 1.5$

$= 2.7$（m）

清单工程量计算见表7-11。

表 7-11 清单工程量计算表（三）

序号	项目编号	项目名称	项目特征描述	计算单位	工程量
1	011505010001	镜面玻璃	镜面玻璃品种、规格:6mm 厚,1500mm×1400m	m²	2.1
2	011505007001	毛巾环	材料品种、规格:毛巾环	副	1
3	011502005001	镜面玻璃线	1. 基层类型:3mm 厚胶合板 2. 线条材料品种、规格:50mm 宽镜面不锈钢板 3. 结合层材料种类:水泥砂浆 1:3	m	6.0
4	011502003001	石材装饰线	线条材料品种、规格:80mm 宽石材装饰线	m	2.7

第8章 拆除工程及措施项目

8.1 拆除工程清单工程量计算规则

1. 抹灰层拆除

抹灰层拆除工程量清单项目的设置、项目特征描述的内容、计量单位、工程量计算规则应按表8-1的规定执行。

表8-1 抹灰层拆除（编号：011604）

项目编码	项目名称	项目特征	计量单位	工程量计算规则	工程内容
011604001	平面抹灰层拆除	1. 拆除部位 2. 抹灰层种类	m²	按拆除部位的面积计算	1. 拆除 2. 控制扬尘 3. 清理 4. 建渣场内、外运输
011604002	立面抹灰层拆除				
011604003	天棚抹灰面拆除				

注：1. 单独拆除抹灰层应按"抹灰层拆除"的项目编码列项。
　　2. 抹灰层种类可描述为一般抹灰或装饰抹灰。

2. 块料面层拆除

块料面层拆除工程量清单项目的设置、项目特征描述的内容、计量单位、工程量计算规则应按表8-2的规定执行。

表8-2 块料面层拆除（编号：011605）

项目编码	项目名称	项目特征	计量单位	工程量计算规则	工程内容
011605001	平面块料拆除	1. 拆除的基层类型 2. 饰面材料种类	m²	按拆除面积计算	1. 拆除 2. 控制扬尘 3. 清理 4. 建渣场内、外运输
011605002	立面块料拆除				

注：1. 如仅拆除块料层，拆除的基层类型不用描述。
　　2. 拆除的基层类型的描述指砂浆层、防水层、干挂或挂贴所采用的钢骨架层等。

3. 龙骨及饰面拆除

龙骨及饰面拆除工程量清单项目的设置、项目特征描述的内容、计量单位、工程量计算规则应按表8-3的规定执行。

表8-3 龙骨及饰面拆除（编号：011606）

项目编码	项目名称	项目特征	计量单位	工程量计算规则	工程内容
011606001	楼地面龙骨及饰面拆除	1. 拆除的基层类型 2. 龙骨及饰面种类	m²	按拆除面积计算	1. 拆除 2. 控制扬尘 3. 清理 4. 建渣场内、外运输
011606002	墙柱面龙骨及饰面拆除				
011606003	顶棚面龙骨及饰面拆除	1. 拆除的基层类型 2. 龙骨及饰面种类	m²	按拆除面积计算	1. 拆除 2. 控制扬尘 3. 清理 4. 建渣场内、外运输

注：1. 基层类型的描述指砂浆层、防水层等。
　　2. 如仅拆除龙骨及饰面，拆除的基层类型不用描述。
　　3. 如只拆除饰面，不用描述龙骨材料种类。

4. 铲除油漆涂料裱糊面

铲除油漆涂料裱糊面工程量清单项目的设置、项目特征描述的内容、计量单位、工程量计算规则应按表8-4的规定执行。

表8-4 铲除油漆涂料裱糊面（编号：011608）

项目编码	项目名称	项目特征	计量单位	工程量计算规则	工程内容
011608001	铲除油漆面	1. 铲除部位名称 2. 铲除部位的截面尺寸	1. m² 2. m	1. 以平方米计算，按铲除部位的面积计算 2. 以米计算，按铲除部位的延长米计算	1. 铲除 2. 控制扬尘 3. 清理 4. 建渣场内、外运输
011608002	铲除涂料面				
011608003	铲除裱糊面				

注：1. 单独铲除油漆涂料裱糊面的工程按本表编码列项。
　　2. 铲除部位名称的描述指墙面、柱面、顶棚、门窗等。
　　3. 按米计量，必须描述铲除部位的截面尺寸，以平方米计量时，则不用描述铲除部位的截面尺寸。

5. 栏杆、栏板、轻质隔断、隔墙拆除

栏杆、栏板、轻质隔断、隔墙拆除工程量清单项目的设置、项目特征描述的内容、计量单位、工程量计算规则应按表8-5的规定执行。

表8-5 栏杆、栏板、轻质隔断、隔墙拆除（编号：011609）

项目编码	项目名称	项目特征	计量单位	工程量计算规则	工程内容
011609001	栏杆、栏板拆除	1. 栏杆（板）的高度 2. 栏杆、栏板种类	1. m² 2. m	1. 以平方米计量，按拆除部位的面积计算 2. 以米计量，按拆除的延长米计算	1. 拆除 2. 控制扬尘 3. 清理 4. 建渣场内、外运输
011609002	隔断、隔墙拆除	1. 拆除隔墙的骨架种类 2. 拆除隔墙的饰面种类	m²	按拆除部位的面积计算	

注：以平方米计量，不用描述栏杆（板）的高度。

6. 灯具、玻璃拆除

灯具、玻璃拆除工程量清单项目的设置、项目特征描述的内容、计量单位、工程量计算规则应按表8-6的规定执行。

表8-6 灯具、玻璃拆除（编号：011613）

项目编码	项目名称	项目特征	计量单位	工程量计算规则	工程内容
011613001	灯具拆除	1. 拆除灯具高度 2. 灯具种类	套	按拆除的数量计算	1. 拆除 2. 控制扬尘 3. 清理 4. 建渣场内、外运输
011613002	玻璃拆除	1. 玻璃厚度 2. 拆除部位	m²	按拆除的面积计算	

注：拆除部位的描述指门窗玻璃、隔断玻璃、墙玻璃、家具玻璃等。

7. 其他构件拆除

其他构件拆除工程量清单项目的设置、项目特征描述的内容、计量单位、工程量计算规则应按表8-7的规定执行。

8. 开孔（打洞）

开孔（打洞）工程量清单项目的设置、项目特征描述的内容、计量单位、工程量计算

规则应按表 8-8 的规定执行。

表 8-7　其他构件拆除（编号：011614）

项目编码	项目名称	项目特征	计量单位	工程量计算规则	工程内容
011614001	散热器罩拆除	暖气罩材质	1. 个 2. m²	1. 以个为单位计量，按拆除个数计算 2. 以米为单位计量，按拆除延长米计算	1. 拆除 2. 控制扬尘 3. 清理 4. 建渣场内、外运输
011614002	柜体拆除	1. 柜体材质 2. 柜体尺寸：长、宽、高			
011614003	窗台板拆除	窗台板平面尺寸	1. 块 2. m²	1. 以块计量，按拆除数量计算 2. 以米计量，按拆除的延长米计算	
011614004	筒子板拆除	筒子板的平面尺寸			
011614005	窗帘盒拆除	窗帘盒的平面尺寸	m	按拆除的延长米计算	
011614006	窗帘轨拆除	窗帘轨的材质			

　　注：双轨窗帘轨拆除按双轨长度分别计算工程量。

表 8-8　开孔（打洞）（编号：011615）

项目编码	项目名称	项目特征	计量单位	工程量计算规则	工程内容
011615001	开孔（打洞）	1. 部位 2. 打洞部位材质 3. 洞尺寸	个	按数量计算	1. 拆除 2. 控制扬尘 3. 清理 4. 建渣场内、外运输

　　注：1. 部位可描述为墙面或楼板。
　　　　2. 打洞部位材质可描述为页岩砖或空心砖或钢筋混凝土等。

8.2　措施项目

1. 措施项目清单工程量计算规则

（1）脚手架工程　脚手架工程工程量清单项目设置、项目特征描述的内容、计量单位及工程量计算规则，应按表 8-9 的规定执行。

表 8-9　脚手架工程（编号：011701）

项目编码	项目名称	项目特征	计量单位	工程量计算规则	工程内容
011701001	综合脚手架	1. 建筑结构形式 2. 檐口高度	m²	按建筑面积计算	1. 场内、场外材料搬运 2. 搭、拆脚手架、斜道、上料平台 3. 安全网的铺设 4. 选择附墙点与主体连接 5. 测试电动装置、安全锁等 6. 拆除脚手架后材料的堆放
011701002	外脚手架	1. 搭设方式 2. 搭设高度 3. 脚手架材质	m²	按所服务对象的垂直投影面积计算	1. 场内、场外材料搬运 2. 搭、拆脚手架、斜道、上料平台 3. 安全网的铺设 4. 拆除脚手架后材料的堆放
011701003	里脚手架				
011701004	悬空脚手架	1. 搭设方式 2. 悬挑宽度 3. 脚手架材质	m²	按搭设的水平投影面积计算	
011701005	挑脚手架		m	按搭设长度乘以搭设层数以延长米计算	
011701006	满堂脚手架	1. 搭设方式 2. 搭设高度 3. 脚手架材质	m²	按搭设的水平投影面积计算	

（续）

项目编码	项目名称	项目特征	计量单位	工程量计算规则	工程内容
011701007	整体提升架	1. 搭设方式及启动装置 2. 搭设高度	m²	按所服务对象的垂直投影面积计算	1. 场内、场外材料搬运 2. 选择附墙点与主体连接 3. 搭、拆脚手架、斜道、上料平台 4. 安全网的铺设 5. 测试电动装置、安全锁等 6. 拆除脚手架后材料的堆放
011701008	外装饰吊篮	1. 升降方式及起动装置 2. 搭设高度及吊篮型号			1. 场内、场外材料搬运 2. 吊篮的安装 3. 测试电动装置、安全锁、平衡控制器等 4. 吊篮的拆卸

（2）混凝土模板及支架（撑）　混凝土模板及支架（撑）工程量清单项目设置、项目特征描述的内容、计量单位、工程量计算规则及工程内容，应按表8-10的规定执行。

表8-10　混凝土模板及支架（撑）（编码：011702）

项目编码	项目名称	项目特征	计量单位	工程量计算规则	工程内容
011702001	基础	基础类型	m²	按模板与现浇混凝土构件的接触面积计算 1. 现浇钢筋混凝土墙、板单孔面积≤0.3m²的孔洞不予扣除，洞侧壁模板亦不增加；单孔面积＞0.3m²时应予扣除，洞侧壁模板面积并入墙、板工程量内计算 2. 现浇框架分别按梁、板、柱有关规定计算；附墙柱、暗梁、暗柱并入墙内工程量内计算 3. 柱、梁、墙、板相互连接的重叠部分，均不计算模板面积 4. 构造柱按图示外露部分计算模板面积	1. 模板制作 2. 模板安装、拆除、整理堆放及场内外运输 3. 清理模板粘结物及模内杂物、刷隔离剂等
011702002	矩形柱	—			
011702003	构造柱				
011702004	异形柱	柱截面形状			
011702005	基础梁	梁截面形状			
011702006	矩形梁	支撑高度			
011702007	异形梁	1. 梁截面形状 2. 支撑高度			
011702008	圈梁	—			
011702009	过梁				
011702010	弧形、拱形梁	1. 梁截面形状 2. 支撑高度			
011702011	直形墙	—		按模板与现浇混凝土构件的接触面积计算 1. 现浇钢筋混凝土墙、板单孔面积≤0.3m²的孔洞不予扣除，洞侧壁模板亦不增加；单孔面积＞0.3m²时应予扣除，洞侧壁模板面积并入墙、板工程量内计算 2. 现浇框架分别按梁、板、柱有关规定计算；附墙柱、暗梁、暗柱并入墙内工程量内计算 3. 柱、梁、墙、板相互连接的重叠部分，均不计算模板面积 4. 构造柱按图示外露部分计算模板面积	1. 模板制作 2. 模板安装、拆除、整理堆放及场内外运输 3. 清理模板粘结物及模内杂物、刷隔离剂等
011702012	弧形墙				
011702013	短肢剪力墙、电梯井壁				
11702014	有梁板	支撑高度			
11702015	无梁板				
11702016	平板				
11702017	拱板				
11702018	薄壳板				
11702019	空心板				
11702020	其他板				
11702021	栏板	—			

（续）

项目编码	项目名称	项目特征	计量单位	工程量计算规则	工程内容
11702022	天沟、檐沟	构建类型	m²	按模板与现浇混凝土构件的接触面积计算	1. 模板制作 2. 模板安装、拆除、整理堆放及场内外运输 3. 清理模板粘结物及模内杂物、刷隔离剂等
11702023	雨篷、悬挑板、阳台板	1. 构件类型 2. 板厚度		按图示外挑部分尺寸的水平投影面积计算,挑出墙外的悬臂梁及板边不另计算	
11702024	楼梯	类型		按楼梯(包括休息平台、平台梁、斜梁和楼层板的连接梁)的水平投影面积计算,不扣除宽度≤500mm的楼梯井所占面积,楼梯踏步、踏步板、平台梁等侧面模板不另计算,伸入墙内部分亦不增加	
11702025	其他现浇构件	构件类型		按模板与现浇混凝土构件的接触面积计算	
11702026	电缆沟、地沟	1. 沟类型 2. 沟截面		按模板与电缆沟、地沟接触的面积计算	
11702027	台阶	台阶踏步宽	m²	按图示台阶水平投影面积计算,台阶端头两侧不另计算模板面积。架空式混凝土台阶,按现浇楼梯计算	
11702028	扶手	扶手断面尺寸		按模板与扶手的接触面积计算	
11702029	散水	—		按模板与散水的接触面积计算	
11702030	后浇带	后浇带部位		按模板与后浇带的接触面积计算	
11702031	化粪池	1. 化粪池部位 2. 化粪池规格		按模板与混凝土接触面积计算	
11702032	检查井	1. 检查井部位 2. 检查井规格			

（3）垂直运输　垂直运输工程量清单项目设置、项目特征描述的内容、计量单位、工程量计算规则应按表8-11的规定执行。

表8-11　垂直运输（编码：011703）

项目编码	项目名称	项目特征	计量单位	工程量计算规则	工程内容
011703001	垂直运输	1. 建筑物建筑类型及结构形式 2. 地下室建筑面积 3. 建筑物檐口高度、层数	1. m² 2. 天	1. 按建筑面积计算 2. 按施工工期日历天数计算	1. 垂直运输机械的固定装置、基础制作、安装 2. 行走式垂直运输机械轨道的铺设、拆除、摊销

（4）超高施工增加　超高施工增加工程量清单项目设置、项目特征描述的内容、计量单位、工程量计算规则应按表8-12的规定执行。

表 8-12 超高施工增加（编码：011704）

项目编码	项目名称	项目特征	计量单位	工程量计算规则	工程内容
011704001	超高施工增加	1. 建筑物建筑类型及结构形式 2. 建筑物檐口高度、层数 3. 单层建筑物檐口高度超过20m,多层建筑物超过6层部分的建筑面积	m²	按建筑物超高部分的建筑面积计算	1. 建筑物超高引起的人工工效降低以及由于人工工效降低引起的机械降效 2. 高层施工用水加压水泵的安装、拆除及工作台班 3. 通信联络设备的使用及摊销

（5）大型机械设备进出场及安拆　大型机械设备进出场及安拆工程量清单项目设置、项目特征描述的内容及计量单位及工程量计算规则应按表8-13的规定执行。

表 8-13 大型机械设备进出场及安拆（编码：011705001）

项目编码	项目名称	项目特征	计量单位	工程量计算规则	工程内容
011705001	大型机械设备进出场及安拆	1. 机械设备名称 2. 机械设备规格型号	台次	按使用机械设备的数量计算	1. 安拆费包括施工机械、设备在现场进行安装拆卸所需人工、材料、机械和试运转费用以及机械辅助设施的折旧、搭设、拆除等费用 2. 进出场费包括施工机械、设备整体或分体自停放地点运至施工现场或由一施工地点运至另一施工地点所发生的运输、装卸、辅助材料等费用

（6）施工排水、降水　工程量清单项目设置、项目特征描述的内容、计量单位及工程量计算规则应按表8-14的规定执行。

表 8-14 施工排水、降水（编码：011706）

项目编码	项目名称	项目特征	计量单位	工程量计算规则	工程内容
011706001	成井	1. 成井方式 2. 地层情况 3. 成井直径 4. 井(滤)管类型、直径	m	按设计图示尺寸以钻孔深度计算	1. 准备钻孔机械、埋设护筒、钻机就位;泥浆制作、固壁;成孔、出渣、清孔等 2. 对接上、下井管(滤管),焊接,安放,下滤料,洗井,连接试抽等
011706002	排水、降水	1. 机械规格型号 2. 降、排水管规格	昼夜	按排水、降水日历天数计算	1. 管道安装、拆除,场内搬运等 2. 抽水、值班,降水设备维修等

（7）安全文明施工及其他措施项目　安全文明施工及其他措施项目工程量清单项目设置、计量单位、工程内容及包含范围应按表8-15的规定执行。

2. 措施项目定额工程量计算规则

（1）装饰装修脚手架及项目成品保护费计算

1）定额项目划分。

① 装饰装修脚手架包括满堂脚手架、外脚手架、内墙面粉饰脚手架、安全过道、封闭式安全笆、斜挑式安全笆、满挂安全网等12个子项目。

表 8-15　安全文明施工及其他措施项目（编码：011707）

项目编码	项目名称	工程内容及包含范围
011707001	安全文明施工	1. 环境保护:现场施工机械设备降低噪声、防扰民措施等;水泥和其他易飞扬细颗粒建筑材料密闭存放或采取覆盖措施等;工程防扬尘洒水;土石方、建渣外运车辆防护措施等;现场污染源的控制、生活垃圾清理外运、场地排水排污措施;其他环境保护措施 2. 文明施工:"五牌一图";现场围挡的墙面美化(包括内外粉刷、刷白、标语等)、压顶装饰;现场厕所便槽刷白、贴面砖,水泥砂浆地面或地砖,建筑物内临时便溺设施;其他施工现场临时设施的装饰装修、美化措施;现场生活卫生设施;符合卫生要求的饮水设备、淋浴、消毒等设施;生活用洁净燃料;防煤气中毒、防蚊虫叮咬等措施;施工现场操作场地的硬化;现场绿化、治安综合治理;现场配备医药保健器材、物品和急救人员培训;现场工人的防暑降温、电风扇、空调等设备及用电;其他文明施工措施 3. 安全施工:安全资料、特殊作业专项方案的编制,安全施工标志的购置及安全宣传;"三宝"(安全帽、安全带、安全网)、"四口"(楼梯口、电梯井口、通道口、预留洞口)、"五临边"(阳台围边、楼板围边、屋面围边、槽坑围边、卸料平台两侧),水平防护架、垂直防护架、外架封闭等防护;施工安全用电,包括配电箱三级配电、两级保护装置要求、外电防护措施;起重机、塔吊等起重设备(含井架、门架)及外用电梯的安全防护措施(含警示标志)及卸料平台的临边防护、层间安全门、防护棚等设施;建筑工地起重机械的检验检测;施工机具防护棚及其围栏的安全保护设施;施工安全防护通道;工人的安全防护用品、用具购置;消防设施与消防器材的配置;电气保护、安全照明设施;其他安全防护措施 4. 临时设施:施工现场采用彩色、定型钢板、砖、混凝土砌块等围挡的安砌、维修、拆除;施工现场临时建筑物、构筑物的搭设、维修、拆除,如临时宿舍、办公室、食堂、厨房、厕所、诊疗所、临时文化福利用房、临时仓库、加工场、搅拌台、临时简易水塔、水池等;施工现场临时设施的搭设、维修、拆除,如临时供水管道、临时供电管线、小型临时设施等;施工现场规定范围内临时简易道路铺设,临时排水沟、排水设施安砌、维修、拆除;其他临时设施搭设、维修、拆除
011707002	夜间施工	1. 夜间固定照明灯具和临时可移动照明灯具的设置、拆除 2. 夜间施工时,施工现场交通标志、安全标牌、警示灯等的设置、移动、拆除 3. 包括夜间照明设备及照明用电、施工人员夜班补助、夜间施工劳动效率降低等
011707003	非夜间施工照明	为保证工程施工正常进行,在地下室等特殊施工部位施工时所采用的照明设备的安拆、维护及照明用电等
011707004	二次搬运	由于施工场地条件限制而发生的材料、成品、半成品等一次运输不能到达堆放地点,必须进行的二次或多次搬运
011707005	冻雨季施工	1. 冬雨(风)期施工时增加的临时设施(防寒保温、防雨、防风设施)的搭设、拆除 2. 冬雨(风)期施工时,对砌体、混凝土等采用的特殊加温、保温和养护措施 3. 冬雨(风)期施工时,施工现场的防滑处理、对影响施工的雨雪的清除 4. 包括冬雨(风)期施工时增加的临时设施、施工人员的劳动保护用品、冬雨(风)期施工劳动效率降低等
011707006	地上、地下设施、建筑物的临时保护设施	在工程施工过程中,对已建成的地上、地下设施和建筑物进行的遮盖、封闭、隔离等必要保护措施
011707007	已完工程及设备保护	对已完工程及设备采取的覆盖、包裹、封闭、隔离等必要保护措施

　　② 项目成品保护费包括楼地面、楼梯、台阶、独立柱、内墙面饰面面层等 4 个子目的成品保护。

　　2) 装饰装修脚手架工程量计算规则。

① 满堂脚手架，按实际搭设的水平投影面积计算，不扣除附墙柱、柱所占面积，其基本层高以 3.6~5.2m 为准。凡在 3~5.2m 以内的顶棚抹灰及装饰装修，应计算满堂脚手架基本层，层高超过 5.2m，每增加 1.2m 计算一个增加层，增加层的层数 =（层高 - 5.2m）÷ 1.2m，按四舍五入取整数。室内凡计算了满堂脚手架者，其内墙面粉饰不再计算粉饰架，只按每 100m² 墙面垂直投影面积增加改架工 1.28 工日。

② 装饰装修外脚手架按外墙的外边线长乘墙高以 "m²" 计算，不扣除门窗洞口的面积。同一建筑物各面墙的高度不同，且不在同一定额步距内时，应分别计算工程量。定额中所指的檐口高度 5~45m 以内，系指建筑物自设计室外地坪面至外墙顶点或构筑物顶面的高度。

③ 利用主体外脚手架改变其步高作外墙面装饰架时，按每 100m² 外墙面垂直投影面积，增加改架工 1.28 工日；独立柱按柱周长增加 3.6m 乘柱高套用装饰装修外脚手架相应高度的定额。

④ 内墙面粉饰脚手架，均按内墙面垂直投影面积计算，不扣除门窗洞口的面积。

⑤ 安全过道按实际搭设的水平投影面积（架宽×架长）计算。

⑥ 封闭式安全笆按实际封闭的垂直投影面积计算。实际用封闭材料与定额不符时，不作调整。

⑦ 斜挑式安全笆按实际搭设的（长×宽）斜面面积计算。

⑧ 满挂安全网按实际满挂的垂直投影面积计算。

3）项目成品保护。项目成品保护工程量计算规则按各章节相应子目规则执行。

4）工程量计算相关项目解释。

① 脚手架按用途分为砌筑脚手架、装修脚手架、支撑脚手架；按搭设位置分为外脚手架和内脚手架；按材料可分为木脚手架、竹脚手架和金属脚手架；按结构形式可分为多立杆式、框组式、碗扣式、桥式、挂式、挑式及其他工具式脚手架；按高度可分为高层和低层脚手架两种。

② 脚手架材料为周转使用性材料，消耗量是使用一次的材料摊销量。定额是按搭设种类来划分的，工作内容包括场内、外材料的搬运，搭设、拆除脚手架、上料平台、安全网，脚手板、脚手架拆除后材料的堆放。

③ 满堂脚手架套用范围如下：

a. 凡顶棚高度超过 3.6m，需抹灰或刷油者应按室内净面积计算满堂脚手架，不扣除垛、柱、附墙烟囱所占面积满堂脚手架高度，单层以设计室外地面至顶棚底为准，楼层以室内地面或楼面至顶棚底。基本层操作高度按 5.2m 计算。

b. 混凝土带形基础底宽超过 1.2m，满堂基础、独立基础（杯形基础、桩基础、设备基础）底面积超过 4m²（加宽工作面后计算）且深度超过 1.5m。

c. 凡室内高度超过 3.6m 的抹灰顶棚或钉板顶棚均应计算满堂脚手架。室内高度超过 3.6m 的内墙抹灰需钉顶棚及顶棚抹灰的只能计算一次满堂脚手架。室内高度超过 3.6m 的内墙抹灰、墙面抹灰或墙面勾缝而顶棚不抹灰的可将 3.6m 以内的简易脚手架乘以系数 1.30 计算。高度超过 3.6m 的屋面板底勾缝、喷浆及屋架刷油等均按活动脚手架计算。满堂脚手架、活动脚手架均以水平投影面积计算，不扣除垛、柱所占的面积。满堂脚手架的高度以室内地坪到顶棚为准。坡屋面的以室内山墙平均高度计算。

④ 外脚手架的工作内容主要有平土、挖坑、安底座、打缆风桩、拉缆风绳、内外材料运输、搭拆脚手架、上料平台、挡脚板、护身栏杆、上下翻板子和拆除后的材料堆放整理等。外脚手架既可用于外墙砌筑，又可用于外墙装修施工，其主要结构有多立杆式、桥式和框式，其中以多立杆式和框式最为普遍。

⑤ 水平防护架是沿水平方向用钢管搭设的一个架子通道，上面铺满脚手板。它是间接为工程施工顺利进行而单独搭设用于车马通道和人行通道的防护。

⑥ 垂直防护架：在建筑物的垂直面上，利用钢管搭设而成，外面固定上竹笆或黄席的垂直隔离构件。

⑦ 外架全封闭是指建筑物临街，为防止建筑材料及其他物品坠落伤人而采取的将建筑物外围整个用封席材料封闭起来。外架全封闭具有防风作用。

⑧ 斜道一般用来供人员上下脚手架用。有些斜道兼作材料运输。

⑨ 安全网是指建筑工人在高空进行建筑施工、设备安装时，在其下或其侧的棕绳或尼龙网。它是与工作层同步安装的。其主要作用是防止操作人员和材料坠落下，伤及路人。

⑩ 项目成品保护费是指项目所需材料运输，保管制成成品后所需保护材料及人工费用。

（2）垂直运输及超高增加费计算

1）定额说明。

① 垂直运输费：

a. 该定额不包括特大型机械进出场及安拆费。

b. 垂直运输高度：设计室外地坪以上部分指室外地坪至相应楼面的高度。设计室外地坪以下部分指室外地坪至相应地（楼）面的高度。

c. 檐高高度在 3.6m 以内的单层建筑物，不计算垂直运输机械费。

d. 带一层地下室的建筑物，若地下室垂直运输高度小于 3.6m，则地下层不计算垂直运输机械费。

e. 再次装饰装修利用电梯进行垂直运输或通过楼梯人力进行垂直运输的按实际计算。

② 超高增加费：

a. 该定额用于建筑物檐高在 20m 以上的工程。

b. 檐高是指设计室外地坪至檐口的高度。凸出主体建筑屋顶的电梯间、水箱间等不计入檐高之内。

2）工程量计算规则。

① 垂直运输工程量：装饰装修楼层（包括楼层所有装饰装修工程量）区别不同垂直运输高度（单层建筑物系檐口高度）按定额工日分别计算。

地下层超过两层或层高超过 3.6m 时，计取垂直运输费，其工程量按地下层全面积计算。

② 超高增加费工程量：装饰装修楼面（包括楼层所有装饰装修工程量）区别不同垂直运输高度（单层建筑物系檐口高度）以人工费与机械费之和按元分别计算。

3）工程量计算相关项目的解释。

① 建筑物檐高指室外设计地坪标高到建筑物挑檐上皮的高度，无挑檐的建筑物由室外设计地坪标高算至屋顶板面的高度。

a. 在单层建筑物中，如有女儿墙，其高度应算至女儿墙顶面。

b. 对特殊建筑物的檐高需按规定计算。如凸出屋顶的水箱间、电梯间、楼梯间不超过建筑物自然层两层或7m的不计算檐高；超过两层或7m的部分可计算檐高。

c. 地坪指建筑物最底层房间与土壤相交接处的水平面。

② 构筑物的高度以设计室外地坪至构筑物的顶面高度为准，该定额构筑物按用途可划分为烟囱、水塔和筒仓项目。

③ 具备运输条件的再次装饰装修工程，利用电梯运输，按电梯实际发生运输台班费计算。通过人力上下楼梯进行运输时，可按人力日工资标准进行计算。

④ 超高建筑物是指建筑物的设计檐口高度超过定额规定的极限高度（檐高20m，层数6层以上），并规定檐口高度在20m以上的单层或多层、工业或民用建筑物均可计算超高增加费。

⑤ 人工降效和机械降效是指当建筑物超过6层或檐高超过20m时，由于操作工人的工效降低、垂直运输距离加长影响的时间，以及因操作人工降效而引起机械台班的降效等。

⑥ 加压用水泵考虑到自来水的水压不足，而需增压所用的加压水泵台班。

8.3 拆除工程及措施项目工程量清单编制实例

实例1：某单层建筑物搭设满堂脚手架的工程量计算

如图8-1所示，某单层建筑物进行装饰装修，计算搭设满堂脚手架的清单工程量。

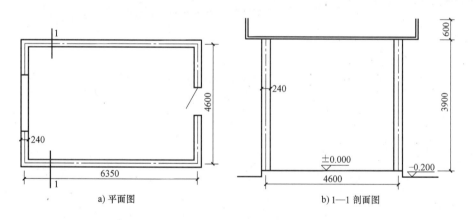

图8-1 搭设满堂脚手架（单位：mm）

【解】

脚手架搭设面积：

$$S = (6.35 + 0.24) \times (4.6 + 0.24)$$
$$= 6.59 \times 4.84$$
$$= 31.896 \ (\text{m}^2)$$

实例2：某临街建筑物施工安全过道的工程量计算

某临街建筑物施工，为保证安全，沿街面上搭设了安全过道，脚手板长度为18m，宽度为 3.5m，试计算该安全过道的清单工程量。

【解】

安全过道的清单工程量：

$$3.5 \times 18 = 63 \ （\text{m}^2）$$

实例3：某活动中心脚手架的工程量计算

某单位活动中心如图 8-2 所示，顶棚为埃特板面层，试计算外墙面装饰脚手架、内墙装饰脚手架、顶棚装饰满堂脚手架的搭设工程量。

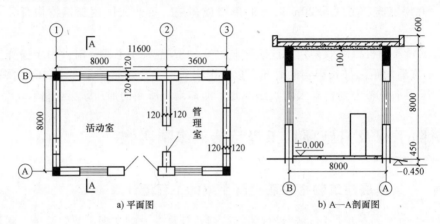

a）平面图   b）A—A剖面图

图 8-2　活动中心（单位：mm）

【解】

（1）外墙面装饰脚手架

$[(11.6 + 2 \times 0.12) + (8.0 + 2 \times 0.12)] \times 2 \times (0.45 + 8.0 + 0.6)$

$= 40.16 \times 9.05$

$= 363.45 \ （\text{m}^2）$

（2）内墙装饰脚手架

$[(8.0 - 2 \times 0.12 + 3.6 - 2 \times 0.12) \times 2 + (8.0 - 2 \times 0.12) \times 4] \times (8.0 - 0.10)$

$= (22.24 + 31.04) \times 7.9$

$= 420.91 \ （\text{m}^2）$

【注释】　计算内墙装饰脚手架时，应注意装饰的面数。

（3）顶棚装饰满堂脚手架

$L_净 \times B_净$

$= (8.0 - 2 \times 0.12 + 3.6 - 2 \times 0.12) \times (8.0 - 2 \times 0.12)$

$= 11.12 \times 7.76$

$= 86.29 \ （\text{m}^2）$

增加层（$F_增$）$= （室内净高度 - 5.20）\div 1.2$

$\qquad\qquad\quad = (8.0 - 5.20) \div 1.2$

$\qquad\qquad\quad = 2.33 \approx 2 \ （\text{层}）$

实例4：某建筑物地下室的垂直运输费计算

某建筑物室外地坪以上部分示意图如图8-3所示，带二层地下室，室外地坪以下部分地下层的装饰装修全面积工日总数为650工日，试计算该建筑物地下室的垂直运输费。

【解】

该建筑物设计室外地坪以下部分的垂直运输高度为：

$6.5 - 0.7 = 5.8$（m）

运输费工程量：6.5 百工日

运输直接费：

$6.5 \times 2.92 = 18.98$（百元）

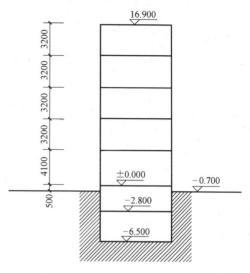

图8-3　室外地坪以上部分示意图
（单位：mm）

【注释】　套用《全统装饰装修清耗量定额》：8-001。

实例5：某建筑物超高增加费的计算

某建筑物层数为12层，±0.000以上高度为47.6m，设计室外地坪为-0.500m，如图8-4所示。假设该建筑物所有装饰装修人工费之和为334150元，机械费之和为6942元，计算该建筑物超高增加费。

【解】

该多层建筑物檐高：

$47.6 + 0.5 = 48.1m$　$40m < 48.1m < 60m$

该建筑物超高增加费工程量为：

$(334150 + 6942) \div 100 = 3410.92$（百元）

该建筑物超高增加费为：

$3410.92 \times 15.3 = 52187.076$（百元）

【注释】　套用《全统装饰装修消耗量定额》：定额8-025。

图8-4　某建筑物示意图
（单位：mm）

实例6：某高层建筑物的垂直运输、超高施工增加的工程量清单编制

某高层建筑示意图如图8-5所示，框剪结构，女儿墙高度为1.8m，施工组织设计中，垂直运输，采用自升式塔式起重机及单笼施工电梯。试计算该高层建筑物的垂直运输、超高施工增加的工程量并编制工程量清单。

【解】

（1）垂直运输（檐高96.80m以内）

$22.45 \times 32.58 \times 5 + 32.58 \times 22.45 \times 15$

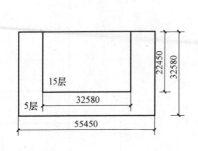
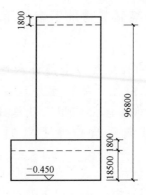

图 8-5　某高层建筑示意图（单位：mm）

$$= 3657.105 + 10971.315$$

$$= 14628.42 \ （m^2）$$

（2）垂直运输（檐高 18.50m 以内）

$$（55.45 \times 32.58 - 32.58 \times 22.45）\times 5$$

$$= （1806.561 - 731.421）\times 5$$

$$= 5375.7 \ （m^2）$$

（3）超高施工增加

$$32.58 \times 22.45 \times 14$$

$$= 10239.89 \ （m^2）$$

清单工程量计算表见表 8-16。

表 8-16　清单工程量计算表

序号	项目编码	项目名称	项目特征描述	计量单位	工程量
1	011703001001	垂直运输（檐高 96.80m 以内）	1. 建筑物建筑类型及结构形式：现浇框架结构 2. 建筑物檐口高度、层数：96.80m、20 层	m^2	14628.42
2	011703001002	垂直运输（檐高 18.50m 以内）	1. 建筑物建筑类型及结构形式：现浇框架结构 2. 建筑物檐口高度、层数：18.50m、5 层	m^2	5375.7
3	011704001001	超高施工增加	1. 建筑物建筑类型及结构形式：现浇框架结构 2. 建筑物檐口高度、层数：96.80m、20 层	m^2	10239.89

注：根据《房屋建筑与装饰工程工程量计算规范》（GB 80854—2013）规定，同一建筑物有不同檐高时，按建筑物不同檐高做纵向分割，分别计算建筑面积，以不同檐高分别编码列项。

第9章 装饰装修工程工程量
清单计价编制实例

9.1 装饰装修工程招标工程量清单编制

现以某楼装饰装修工程为例介绍招标工程量清单编制（由委托工程造价咨询人编制）。

1. 封面

【填制说明】 招标工程量清单封面应填写招标工程项目的具体名称，招标人应盖单位公章，如委托工程造价咨询人编制，还应由其加盖相同单位公章。

招标人委托工程造价咨询人编制招标工程量清单的封面，除招标人盖单位公章外，还应加盖受委托编制招标工程量清单的工程造价咨询人的单位公章。

封-1 招标工程量清单封面

＿＿＿×× 楼装饰装修＿＿＿工程

招标工程量清单

招 标 人：＿＿×× 市房地产开发公司＿＿

（单位盖章）

造价咨询人：＿＿××工程造价咨询企业＿＿

（单位盖章）

×× 年 × 月 × 日

2. 扉页

【填制说明】

1）招标人自行编制工程量清单时，招标工程量清单扉页由招标人单位注册的造价人员编制，招标人盖单位公章，法定代表人或其授权人签字或盖章。编制人是造价工程师的，由其签字盖执业专用章；编制人是造价员的，在编制人栏签字盖专用章，应由造价工程师复核，并在复核人栏签字盖执业专用章。

2）招标人委托工程造价咨询人编制工程量清单时，招标工程量清单扉页由工程造价咨询人单位注册的造价人员编制，工程造价咨询人盖单位资质专用章，法定代表人或其授权人签字或盖章。编制人是造价工程师的，由其签字盖执业专用章；编制人是造价员的，在编制人栏签字盖专用章，应由造价工程师复核，并在复核人栏签字盖执业专用章。

扉-1 招标工程量清单扉页

××楼装饰装修 工程

招标工程量清单

招标人：××市房地产开发公司　　　　造价咨询人：××工程造价咨询企业
　　　　　（单位盖章）　　　　　　　　　　　（单位资质专用章）

法定代表人　　　　　　　　　　法定代表人
或其授权人：××单位法定代表人　　或其授权人：造价咨询企业法定代表人
　　　　　（签字或盖章）　　　　　　　　　（签字或盖章）

编制人：××造价工程师或造价员　　复核人：　××造价工程师
　　　（造价人员签字盖专用章）　　　　（造价工程师签字盖专用章）

编制时间：××年×月×日　　　　　　复核时间：××年×月×日

---

3. 总说明

【填制说明】 编制工程量清单的总说明内容应包括：

1）工程概况：如建设地址、建设规模、工程特征、交通状况、环保要求等。

2）工程发包、分包范围。

3）工程量清单编制依据：如采用的标准、施工图纸、标准图集等。

4）使用材料设备、施工的特殊要求等。

5）其他需要说明的问题。

表-01 总说明

工程名称：××楼装饰装修工程　　　　　　　　　　　　　　第1页 共1页

---

1. 工程概况：该工程建筑面积 $500m^2$，其主要使用功能为商住楼；层数为三层，混合结构，建筑高度 10.8m。

2. 招标范围：装饰装修安装工程。

3. 工程质量要求：优良工程。

4. 工程量清单编制依据：

　4.1 由××市建筑工程设计事务所设计的施工图1套；

　4.2 由××房地产开发公司编制的《××楼装饰装修工程施工招标书》《××楼装饰装修工程招标答疑》；

　4.3 工程量清单计量按照国标《建设工程工程量清单计价规范》（GB 50500—2013）、《房屋建筑与装饰工程工程量计算规范》（GB 50854—2013）编制。

5. 所有材料必须持有市以上有关部门颁发的《产品合格证书》及价格在中档以上的建筑材料。

---

4. 分部分项工程和单价措施项目清单与计价表

【填制说明】　编制工程量清单时，分部分项工程和单价措施项目清单与计价表中，"工程名称"栏应填写具体的工程称谓；"项目编码"栏应按相关工程国家计量规范项目编码栏内规定的9位数字另加3位顺序码填写；"项目名称"栏应按相关工程国家计量规范根据拟建工程实际确定填写；"项目描述"栏应按相关工程国家计量规范根据拟建工程实际予以描述。

"项目描述"栏的具体要求如下：

1）必须描述的内容：

① 涉及正确计量的内容必须描述。

② 涉及结构要求的内容必须描述。如混凝土构件的混凝土强度等级，使用C20、C30或C40等，因混凝土强度等级不同，其价值也不同，必须描述。

③ 涉及材质要求的内容必须描述。如管材的材质，是碳钢管还是塑料管、不锈钢管等；还需要对管材的规格、型号进行描述。

④ 涉及安装方式的内容必须描述。如管道工程中的钢管的连接方式是螺纹连接还是焊接；塑料管是粘结连接还是热熔连接等必须描述。

2）可不详细描述的内容：

① 无法准确描述的可不详细描述。如土壤类别，由于我国幅员辽阔，南北东西差异较大，特别是对于南方来说，在同一地点，由于表层与表层土以下的土壤，其类别是不同的，要求清单编制人准确判定某类土壤在石方中所占比例是困难的。在这种情况下，可考虑将土壤类别描述为综合，但应注明由投标人根据地勘资料自行确定土壤类别，决定报价。

② 施工图纸、标准图集明确的，可不再详细描述。对这些项目可描述为见××图集××页号及节点大样等。由于施工图纸、标准图集是发承包双方都应遵守的技术文件，这样描述，可以有效减少在施工过程中对项目理解的不一致。

③ 有一些项目虽然可不详细描述，但清单编制人在项目特征描述中应注明由投标人自定，如土方工程中的"取土运距""弃土运距"等。

④ 一些地方以项目特征见××定额的表述也是值得考虑的。由于现行定额经过了几十年的贯彻实施，每个定额项目实质上都是一定项目特征下的消耗量标准及其价值表示，因此，如清单项目的项目特征与现行定额某些项目的规定是一致的，也可采用见××定额项目的方式予以表述。

3）特征描述的方式。特征描述的方式大致可划分为"问答式"与"简化式"两种。

① 问答式主要是工程量清单编写者直接采用工程计价软件上提供的规范，在要求描述的项目特征上采用答题的方式进行描述。这种方式的优点是全面、详细，缺点是显得啰唆，打印用纸较多。

② 简化式则与问答式相反，对需要描述的项目特征内容根据当地的用语习惯，采用口语化的方式直接表述，省略了规范上的描述要求，简洁明了，打印用纸较少。

"计量单位"应按相关工程国家计量规范的规定填写。有的项目规范中有两个或两个以上计量单位的，应按照最适宜计量的方式选择其中一个填写。

"工程量"应按相关工程国家计量规范规定的工程量计算规则计算填写。

按照本表的注示：为了记取规费等的使用，可在表中增设其中："定额人工费"，由于各省、自治区、直辖市以及行业建设主管部门对规费记取基础的不同设置，可灵活处理。

表-08　分部分项工程和单价措施项目清单与计价表（一）

工程名称：××楼装饰装修工程　　　　　　　　　标段：　　　　　　　　　第1页 共2页

序号	项目编码	项目名称	项目特征描述	计量单位	工程量	综合单价	合价	其中 暂估价
			0111　楼地面工程					
1	011101001001	水泥砂浆楼地面	1. 二层楼面粉水泥砂浆 2. 1:2 水泥砂浆,厚 20mm	m²	10.68			
2	011102001001	石材楼地面	1. C10 混凝土垫层,粒径 40mm,厚 8mm 2. 一层大理石地面,0.80m×0.80m 大理石面层	m²	83.25			
			（其他略）					
			分部小计					
			0112　墙、柱面工程					
3	011201001001	墙面一般抹灰	1. 混合砂浆 15mm 厚 2. 888 涂料三遍	m²	926.15			
4	011204003001	块料墙面	1. 瓷板墙裙,砖墙面层 2. 1:3 水泥砂浆,17mm 厚	m²	66.32			
			（其他略）					
			分部小计					
			0113　天棚工程					
5	011301001001	天棚抹灰	1. 现浇板底 2. 1:1:4 水泥、石灰砂浆,7mm 厚 3. 1:0.5:3 水泥砂浆,5mm 厚 4. 888 涂料三遍	m²	123.61			
			分部小计					
			本页小计					
			合计					

注：为计取规费等的使用，可在表中增设其中："定额人工费"。

表-08　分部分项工程和单价措施项目清单与计价表（二）

工程名称：××楼装饰装修工程　　　　　　　　　标段：　　　　　　　　　第2页 共2页

序号	项目编码	项目名称	项目特征描述	计量单位	工程量	综合单价	合价	其中 暂估价
			0113　天棚工程					
6	011302002001	格栅吊顶	1. 不上人型 U 形轻钢龙骨,600×600 2. 600×600 石膏板面层	m²	162.40			
			（其他略）					
			分部小计					

（续）

序号	项目编码	项目名称	项目特征描述	计量单位	工程量	金额/元		
						综合单价	合价	其中
								暂估价
			0108　门窗工程					
7	010801001001	胶合板门	1. 胶合板门 M-2 2. 杉木框钉 5mm 胶合板 3. 面层 3mm 厚榉木板 4. 聚氨酯 5 遍 5. 门碰、执手锁 11 个	樘	13			
8	010807001001	金属平开窗	1. 铝合金平开窗,铝合金 1.2mm 厚 2. 50 系列 5mm 厚白玻璃	樘	8			
			（其他略）					
			分部小计					
			0114　油漆、涂料、裱糊工程					
9	011406001001	抹灰面油漆	1. 外墙门窗套外墙漆 2. 水泥砂浆面上刷外墙漆	m²	42.82			
			（其他略）					
			分部小计					
			本页小计					
			合计					

注：为计取规费等的使用，可在表中增设其中："定额人工费"。

5. 总价措施项目清单与计价表

【填制说明】　编制工程量清单时，总价措施项目清单与计价表中的项目可根据工程实际情况进行增减。

表-11　总价措施项目清单与计价表

工程名称：××楼装饰装修工程　　　　　　　　　标段：　　　　　　　　　第 1 页 共 1 页

序号	项目编码	项目名称	计算基础	费率（％）	金额/元	调整费率（％）	调整后金额/元	备注
1	011707001001	安全文明施工费						
2	011707002001	夜间施工增加费						
3	011707004001	二次搬运费						
4	011707005001	冬雨期施工增加费						
5	011707007001	已完工程及设备保护费						
6	011703001001	垂直运输机械费						
	（其他略）							
		合　计						

编制人（造价人员）：　　　　　　　　　复核人（造价工程师）：

注：1. "计算基础"中安全文明施工费可为"定额基价""定额人工费"或"定额人工费＋定额机械费"，其他项目可为"定额人工费"或"定额人工费＋定额机械费"。

　　2. 按施工方案计算的措施费，若无"计算基础"和"费率"的数值，也可只填"金额"数值，但应在备注栏说明施工方案出处或计算方法。

6. 其他项目清单与计价表

【填制说明】 编制招标工程量清单时，其他项目清单与计价汇总表应汇总"暂列金额"和"专业工程暂估价"，以提供给投标报价。

表-12 其他项目清单与计价汇总表

工程名称：××楼装饰装修工程　　　　　　　　　　标段：　　　　　第1页 共1页

序号	项目名称	金额/元	结算金额/元	备注
1	暂列金额	10000.00		明细详见表-12-1
2	暂估价	3000.00		
2.1	材料（工程设备）暂估价	—		明细详见-12-2
2.2	专业工程暂估价	3000.00		明细详见-12-3
3	计日工	577.50		明细详见-12-4
4	总承包服务费	—		明细详见-12-5
5				
	合计			—

注：材料（工程设备）暂估单价进入清单项目综合单价，此处不汇总。

（1）暂列金额明细表

【填制说明】 投标人只需要直接将招标工程量清单中所列的暂列金额纳入投标总价，并且不需要在所列的暂列金额以外再考虑任何其他费用。

表-12-1 暂列金额明细表

工程名称：××楼装饰装修工程　　　　　　　　　　标段：　　　　　第1页 共1页

序号	项目名称	计量单位	暂列金额/元	备注
1	政策性调整和材料价格风险	项	5000.00	
2	工程量清单中工程量变更和设计变更	项	4000.00	
3	其他	项	1000.00	
	合计		10000.00	—

注：此表由招标人填写，如不能详列，也可只列暂定金额总额，投标人应将上述暂列金额计入投标总价中。

（2）材料（工程设备）暂估单价及调整表

【填制说明】 一般而言，招标工程量清单中列明的材料、工程设备的暂估价仅指此类材料、工程设备本身运至施工现场内工地地面价，不包括这些材料、工程设备的安装以及安装所必需的辅助材料以及发生在现场内的验收、存储、保管、开箱、二次搬运、从存放地点运至安装地点以及其他任何必要的辅助工作（以下简称"暂估价项目的安装及辅助工作"）所发生的费用。暂估价项目的安装及辅助工作所发生的费用应该包括在投标报价中的相应清单项目的综合单价中并且固定包死。

（3）专业工程暂估价表

【填制说明】 专业工程暂估价应在表内填写工程名称、工程内容、暂估金额，投标人应将上述金额计入投标总价中。

表-12-2　材料（工程设备）暂估单价及调整表

工程名称：××楼装饰装修工程　　　　　　　　　标段：　　　　　　　第1页 共1页

序号	材料（工程设备）名称、规格、型号	计量单位	数量		暂估/元		确认/元		差额±/元		备注
			暂估	确认	单价	合价	单价	合价	单价	合价	
1	台阶花岗石	m²	5.80		200						用在台阶装饰工程中
2	U形轻龙骨大龙骨 $h=45$	m	68.00		3.61						用在部分吊顶工程中
	（其他略）										
	合　计										

注：此表由招标人填写"暂估单价"，并在备注栏说明暂估价的材料、工程设备拟用在哪些清单项目上，投标人应将上述材料，工程设备暂估单价计入工程量清单综合单价报价中。

专业工程暂估价项目及其表中列明的专业工程暂估价，是指分包人实施专业工程的含税金后的完整价（即包含了该专业工程中所有供应、安装、完工、调试、修复缺陷等全部工作），除了合同约定的发包人应承担的总包管理、协调、配合和服务责任所对应的总承包服务费用以外，承包人为履行其总包管理、配合、协调和服务等所需发生的费用应该包括在投标报价中。

表-12-3　专业工程暂估价表

工程名称：××楼装饰装修工程　　　　　　　　　标段：　　　　　　　第1页 共1页

序号	工程名称	工程内容	暂估金额/元	结算金额/元	差额±/元	备注
1	消防工程	合同图纸中标明的以及消防工程规范和技术说明中规定的各系统中的设备等的供应、安装和调试工作	3000.00			
	合　计		3000.00			

注：此表"暂估金额"由招标人填写，投标人应将"暂估金额"计入投标总价中。

（4）计日工表

【填制说明】　编制工程量清单时，计日工表中的"项目名称""计量单位""暂估数量"由招标人填写。

表-12-4　计日工表

工程名称：××楼装饰装修工程　　　　　　　　　标段：　　　　　　　第1页 共1页

编号	项目名称	单位	暂定数量	实际数量	综合单价/元	合价/元	
						暂定	实际
一	人工						
1	技工	工日	15				
2	抹灰工	工日	6				
3	油漆工	工日	6				
	人工小计						

（续）

编号	项目名称	单位	暂定数量	实际数量	综合单价/元	合价/元	
						暂定	实际
二	材料						
1	合金型材	kg	10.00				
2	油漆	kg	80.00				
材料小计							
三	施工机械						
1	平面磨石机	台班	8				
2	磨光机	台班	6				
施工机械小计							
四、企业管理费和利润							
总　计							

注：此表项目名称、暂定数量由招标人填写，编制招标控制价时，单价由招标人按有关计价规定确定；投标时，单价由投标人自主报价，按暂定数量计算合价计入投标总价中。结算时，按发承包双方确认的实际数量计算合价。

（5）总承包服务费计价表

【填制说明】　编制招标工程量清单时，招标人应将拟定进行专业发包的专业工程，自行采购的材料设备等决定清楚，填写项目名称、服务内容，以便投标人决定报价。

表-12-5　总承包服务费计价表

工程名称：××楼装饰装修工程　　　　　　　　　标段：　　　　　　　第 1 页 共 1 页

序号	项目名称	项目价值/元	服务内容	计算基础	费率（%）	金额/元
1	发包人发包专业工程	10000	1. 按专业工程承包人的要求提供施工工作面并对施工现场进行统一整理汇总 2. 为专业工程承包人提供垂直运输机械和焊接电源接入点，并承担垂直运输费和电费			
2	发包人供应材料	45000	对发包人供应的材料进行验收及保管和使用发放			
合　计		—		—		—

注：此表项目名称、服务内容有招标人填写，编制招标控制价时，费率及金额由招标人按有关计价规定确定；投标时，费率及金额由投标人自主报价，计入投标总价中。

7. 规费、税金项目计价表

【填制说明】　在施工实践中，有的规费项目，如工程排污费，并非每个工程所在地都要征收，实践中可作为按实计算的费用处理。

8. 主要材料、工程设备一览表

【填制说明】　《建设工程工程量清单计价规范》（GB 50500—2013）中新增加"主要材料、工程设备一览表"，由于材料等价格占据合同价款的大部分，对材料价款的管理历来是发承包双方十分重视的，因此，规范针对发包人供应材料设置了"发包人提供材料和工程设备一览表"，针对承包人供应材料按当前最主要的调整方法设置了两种表式，分别适用于"造价信息差额调整法"与"价格指数差额调整法"。本例题由承包人提供主要材料和工程设备。

表-13 规费、税金项目计价表

工程名称：××楼装饰装修工程　　　　　　　标段：　　　　　　第1页 共1页

序号	项目名称	计算基础	计算基数	计算费率(%)	金额/元
1	规费				
1.1	工程排污费	按工程所在地环保部门规定按实计算			
1.2	社会保险费				
(1)	养老保险费	定额人工费			
(2)	失业保险费	定额人工费			
(3)	医疗保险费	定额人工费			
(4)	工伤保险费	定额人工费			
1.3	住房公积金	定额人工费			
1.4	工程定额预测费	税前工程造价			
2	税金	分部分项工程费 + 措施项目费 + 其他项目费 + 规费 − 按规定不计税的工程设备金额			
合　计					

编制人（造价人员）：　　　　　　复核人（造价工程师）：

（1）承包人提供主要材料和工程设备一览表（适用于造价信息差额调整法）

表中"风险系数"应由发包人在招标文件中按照《建设工程工程量清单计价规范》（GB 50500—2013）的要求合理确定。表中将风险系数、基准单价、投标单价、发承包人确认单价在一个表内全部表示，可以大大减少发承包双方不必要的争议。

表-21 承包人提供主要材料和工程设备一览表

（适用于造价信息差额调整法）

工程名称：××楼装饰装修工程　　　　　　　标段：　　　　　　第1页 共1页

序号	名称、规格、型号	单位	数量	风险系数 (%)	基准单价/元	投标单价/元	发承包人确认单价/元	备注
1	预拌混凝土 C10	m³						
2	预拌混凝土 C15	m³						
3	预拌混凝土 C20	m³						
	（其他略）							

注：1. 此表由招标人填写除"投标单价"栏的内容，投标人在投标时自主确定投标单价。

2. 投标人应优先采用工程造价管理机构发布的单价作为基准单价，未发布的，通过市场调查确定其基准单价。

（2）承包人提供主要材料和工程设备一览表（适用于价格指数差额调整法）

表-22　承包人提供主要材料和工程设备一览表

（适用于价格指数差额调整法）

工程名称：××楼装饰装修工程　　　　　　　　标段：　　　　　　　　第1页　共1页

序号	名称、规格、型号	变值权重 B	基本价格指数 F_0	现行价格指数 F_t	备注
1	人工				
2	合金型钢				
3	预拌混凝土 C20				
4	机械费				
	定值权重 A		—	—	
	合　计	1	—	—	

注：1. "名称、规格、型号""基本价格指数"栏由招标人填写，基本价格指数应首先采用工程造价管理机构发布的价格指数，没有时，可采用发布的价格代替。如人工、机械费也采用本法调整由招标人在"名称"栏填写。

2. "变值权重"栏由投标人根据该项人工、机械费和材料、工程设备值在投标总报价中所占的比例填写，1减去其比例为定值权重。

3. "现行价格指数"按约定的付款证书相关周期最后一天的前42d的各项价格指数填写，该指数应首先采用工程造价管理机构发布的价格指数，没有时，可采用发布的价格代替。

9.2　装饰装修工程招标控制价编制

现以某楼装饰装修工程为例介绍招标控制价编制（由委托工程造价咨询人编制）。

1. 封面

【填制说明】

1）招标控制价封面应填写招标工程项目的具体名称，招标人应盖单位公章，如委托工程造价咨询人编制，还应由其加盖相同单位公章。

2）招标人委托工程造价咨询人编制招标控制价的封面，除招标人盖单位公章外，还应加盖受委托编制招标控制价的工程造价咨询人的单位公章。

封-2　招标控制价封面

<u>　　××楼装饰装修　</u>工程

招 标 控 制 价

招　标　人：<u>　　××市房地产开发公司　　　</u>

（单位盖章）

造价咨询人：<u>　　××工程造价咨询企业　　　</u>

（单位盖章）

××年×月×日

2. 扉页

【填制说明】

1）招标人自行编制招标控制价时，招标控制价扉页由招标人单位注册的造价人员编制，招标人盖单位公章，法定代表人或其授权人签字或盖章。编制人是造价工程师的，由其签字盖执业专用章；编制人是造价员的，由其在编制人栏签字盖专用章，应由造价工程师复核，并在复核人栏签字盖执业专用章。

2）招标人委托工程造价咨询人编制招标控制价时，招标控制价扉页由工程造价咨询人单位注册的造价人员编制，工程造价咨询人盖单位资质专用章，法定代表人或其授权人签字或盖章。编制人是造价工程师的，由其签字盖执业专用章；编制人是造价员的，在编制人栏签字盖专用章，应由造价工程师复核。并在复核人栏签字盖执业专用章。

扉-2　招标控制价扉页

　×　×楼装饰装修　工程

招 标 控 制 价

招标控制价（小写）：　　　　221357.20 元
　　　　（大写）：　　贰拾贰万壹仟叁佰伍拾柒元贰角

招标人：×　×市房地产开发公司　　　造价咨询人：×　×工程造价咨询企业
　　　　（单位盖章）　　　　　　　　　　　　（单位资质专用章）

法定代表人　　　　　　　　　　　　法定代表人
或其授权人：×　×单位法定代表人　　或其授权人：×　×工程造价咨询企业代表人
　　　　（签字或盖章）　　　　　　　　　　　（签字或盖章）

编　制　人：×　×造价工程师或造价员　复　核　人：　　　×　×造价工程师
　　　　（造价人员签字盖专用章）　　　　　（造价工程师签字盖专用章）

编制时间：×　×年×月×日　　　　　复核时间：×　×年×月×日

3. 总说明

【填制说明】　编制招标控制价的总说明内容应包括：

1）采用的计价依据。

2）采用的施工组织设计。

3）采用的材料价格来源。

4）综合单价中风险因素、风险范围（幅度）。

5）其他。

4. 招标控制价汇总表

【填制说明】　由于编制招标控制价和投标控制价包含的内容相同，只是对价格的处理不同,因此,对招标控制价和投标报价汇总表的设计使用同一表格。实践中,招标控制价或投标报价可分别印制该表格。

表-01　总说明

1. 工程概况:该工程建筑面积 500m²,其主要使用功能为商住楼;层数三层,混合结构,建筑高度 10.8m。
2. 招标范围:装饰装修工程。
3. 工程质量要求:优良工程。
4. 工期:60d。
5. 工程量清单招标控制价编制依据:
　5.1　由××市建筑工程设计事务所设计的施工图 1 套。
　5.2　由××房地产开发公司编制的《××楼装饰装修工程施工招标书》。
　5.3　工程量清单计量按照国标《建设工程工程量清单计价规范》(GB 50500—2013)、《房屋建筑与装饰工程工程量计算规范》(GB 50854—2013)编制。
　5.4　工程量清单计价中的工、料、机数量参考当地建筑、水电安装工程定额;其工、料、机的价格参考省、市造价管理部门有关文件或近期发布的材料价格,并调查市场价格后取定。
　5.5　税金按 3.413% 计取。
　5.6　人工工资按 38.50 元/工日计。
　5.7　垂直运输机械采用卷扬机,费用按×省定额估价表中规定计费。

表-02　建设项目招标控制价汇总表

工程名称:××楼装饰装修工程　　　　　　　　　　　　　　　　　　　第 1 页　共 1 页

序号	单项工程名称	金额/元	其中:/元		
			暂估价	安全文明施工费	规费
1	××楼装饰装修工程	221357.20	99375.78	6402.88	17772.73
	合　　计	221357.20	99375.78	6402.88	17772.73

注:本表适用于建设项目招标控制价或投标报价的汇总。

表-03　单项工程招标控制价汇总表

工程名称:××楼装饰装修工程　　　　　　　　　　　　　　　　　　　第 1 页　共 1 页

序号	单项工程名称	金额/元	其中:/元		
			暂估价	安全文明施工费	规费
1	××楼装饰装修工程	221357.20	99375.78	6402.88	17772.73
	合　　计	221357.20	99375.78	6402.88	17772.73

注:本表适用于单项工程招标控制价或投标报价的汇总。暂估价包括分部分项工程中的暂估价和专业工程暂估价。

表-04　单位工程招标控制价汇总表

工程名称：××楼装饰装修工程　　　　　　　　　　　　　　　　　　第1页 共1页

序号	汇总内容	金额/元	其中:暂估价/元
1	分部分项工程	153590.82	99375.78
0111	楼地面工程	56032.54	40969.38
0112	墙、柱面工程	29137.70	19475.85
0113	顶棚工程	12073.21	8903.43
0108	门窗工程	54405.05	30027.12
0114	油漆、涂料、裱糊工程	1942.32	
2	措施项目	24024.26	
0117	其中:安全文明施工费	6402.88	
3	其他项目	18652.50	
3.1	其中:暂列金额	10000.00	
3.2	其中:专业工程暂估价	3000.00	
3.3	其中:计日工	4702.50	
3.4	其中:总承包服务费	950.00	
4	规费	17784.04	
5	税金	7305.58	
招标控制价合计 = 1 + 2 + 3 + 4 + 5		221357.20	99375.78

注：本表适用于单位工程招标控制价或投标报价的汇总，单项工程也使用本表汇总。

5. 分部分项工程和单价措施项目清单与计价表

【填制说明】　编制招标控制价时，分部分项工程和单价措施项目清单与计价表的"项目编码""项目名称""项目特征""计量单位""工程量"栏不变，对"综合单价""合价"以及"其中：暂估价"按《建设工程工程量清单计价规范》（GB 50500—2013）的规定填写。

表-08　分部分项工程和单价措施项目清单与计价表（一）

工程名称：××楼装饰装修工程　　　　　　　　标段：　　　　　　　　第1页 共2页

序号	项目编码	项目名称	项目特征描述	计量单位	工程量	综合单价	合价	其中暂估价
			0111　楼地面工程					
1	011101001001	水泥砂浆楼地面	1. 二层楼面粉水泥砂浆 2. 1:2 水泥砂浆，厚20mm	m²	10.68	8.89	94.95	
2	011102001001	石材楼地面	1. C10 混凝土垫层,粒径 40mm,厚 8mm 2. 一层大理石地面,0.80m × 0.80m 大理石面层	m²	83.25	211.34	17594.06	11236.45
			（其他略）					
			分部小计				56032.54	40969.38
			0112　墙、柱面工程					

（续）

序号	项目编码	项目名称	项目特征描述	计量单位	工程量	金额/元		
						综合单价	合价	其中 暂估价
3	011201001001	墙面一般抹灰	1. 混合砂浆 15mm 厚 2. 888 涂料三遍	m²	926.15	13.11	12141.83	
4	011204003001	块料墙面	1. 瓷板墙裙,砖墙面层 2. 1:3 水泥砂浆,17mm 厚	m²	66.32	36.96	2451.19	1697.35
			（其他略）					
			分部小计				29137.70	19475.85
			0113　天棚工程					
5	011301001001	顶棚抹灰	1. 现浇板底 2. 1:1:4 水泥、石灰砂浆,7mm 厚 3. 1:0.5:3 水泥砂浆,5mm 厚 4. 888 涂料三遍	m²	123.61	13.56	1676.15	
			分部小计				1676.15	
			本页小计					
			合　计				86845.69	60445.23

注：为计取规费等的使用，可在表中增设其中："定额人工费"。

表-08　分部分项工程和单价措施项目清单与计价表（二）

工程名称：××楼装饰装修工程　　　　　　　　　　标段：　　　　　　　　第 2 页 共 2 页

序号	项目编码	项目名称	项目特征描述	计量单位	工程量	金额/元		
						综合单价	合价	其中 暂估价
			0113　顶棚工程					
6	011302002001	格栅吊顶	1. 不上人型 U 形轻钢龙骨,600×600 2. 600×600 石膏板面层	m²	162.40	50.47	8196.33	4697.76
			（其他略）					
			分部小计				12073.21	8903.43
			0108　门窗工程					
7	010801001001	胶合板门	1. 胶合板门 M-2 2. 杉木框钉 5mm 胶合板 3. 面层 3mm 厚榉木板 4. 聚氨酯 5 遍 5. 门碰、执手锁 11 个	樘	13	432.21	5618.73	2900..65
8	010807001001	金属平开窗	1. 铝合金平开窗,铝合金 1.2mm 厚 2. 50 系列 5mm 厚白玻璃	樘	8	276.22	2209.76	
			（其他略）					
			分部小计				54405.05	30027.12

（续）

序号	项目编码	项目名称	项目特征描述	计量单位	工程量	综合单价	合价	其中暂估价
			0114 油漆、涂料、裱糊工程					
9	011406001001	抹灰面油漆	1. 外墙门窗套外墙漆 2. 水泥砂浆面上刷外墙漆	m²	42.82	45.36	1942.32	
			分部小计				1942.32	
			本页小计				66744.43	38930.55
			合计				153590.82	99375.78

注：为计取规费等的使用，可在表中增设其中："定额人工费"。

6. 综合单价分析表

【填制说明】 编制招标控制价，综合单价分析表应填写使用的省级或行业建设主管部门发布的计价定额名称。

综合单价分析表一般随投标文件一同提交，作为已标价工程量清单的组成部分，以便中标后，作为合同文件的附属文件。一般而言，该分析表所载明的价格数据对投标人是有约束力的，但是投标人能否以此作为投标报价中的错报和漏报等的依据而寻求招标人的补偿是实践中值得注意的问题。

表-09 综合单价分析表

工程名称：××楼装饰装修工程　　　　　　　　　　标段：　　　　　　　　　第1页 共1页

项目编码	011406001001	项目名称	抹灰面油漆	计量单位	m²	工程量	42.82

清单综合单价组成明细

定额编号	定额项目名称	定额单位	数量	单价				合价			
				人工费	材料费	机械费	管理费和利润	人工费	材料费	机械费	管理费和利润
BE0267	抹灰面满刮耐水腻子	100m²	0.01	372.37	2625	—	127.76	3.72	26.25	—	1.28
BE0267	外墙乳胶底漆一遍面漆两遍	100m²	0.01	349.77	940.57	—	120.01	3.50	9.41	—	1.20
	人工单价			小计				7.22	35.66	—	2.48
	38.50 元/工日			未计价材料费							
	清单项目综合单价								45.36		

材料费明细	主要材料名称、规格、型号	单位	数量	单价/元	合价/元	暂估单价/元	暂估合价/元
	耐水成品腻子	kg	2.50	10.50	26.25		
	×××牌乳胶漆面漆	kg	0.353	20.00	7.06		
	×××牌乳胶漆底漆	kg	0.136	17.00	2.31		
	其他材料费			—	0.04	—	
	材料费小计			—	35.66	—	

注：1. 如不使用省级或行业建设主管部门发布的计价依据，可不填定额编号、名称等。

2. 招标文件提供了暂估单价的材料，按暂估的单价填入表内"暂估单价"栏及"暂估合价"栏。

（其他综合单价分析表略）

7. 总价措施项目清单与计价表

【填制说明】 编制招标控制价时，总价措施项目清单与计价表的计费基础、费率应按省级或行业建设主管部门的规定记取。

表-11　总价措施项目清单与计价表

工程名称：××楼装饰装修工程　　　　　　　　　　　标段：　　　　　　　　　第 1 页 共 1 页

序号	项目编码	项目名称	计算基础	费率(%)	金额/元	调整费率(%)	调整后金额/元	备注
1	011707001001	安全文明施工费	直接费	1.98	6402.88			
2	011707002001	夜间施工增加费	人工费	3	1843.08			
3	011707004001	二次搬运费	人工费	2	1228.72			
4	011707005001	冬雨期施工增加费	人工费	1	614.36			
5	011707007001	已完工程及设备保护费			2000.00			
6	011703001001	垂直运输机械费			4000.00			
	（其他略）							
		合　计			16089.04			

编制人（造价人员）：　　　　　　　　　复核人（造价工程师）：

注：1. "计算基础"中安全文明施工费可为"定额基价""定额人工费"或"定额人工费 + 定额机械费"，其他项目可为"定额人工费"或"定额人工费 + 定额机械费"。

　　2. 按施工方案计算的措施费，若无"计算基础"和"费率"的数值，也可只填"金额"数值，但应在备注栏说明施工方案出处或计算方法。

8. 其他项目清单与计价表

【填制说明】 编制招标工程量清单时，其他项目清单与计价汇总表应汇总"暂列金额"和"专业工程暂估价"，以提供给投标报价。

表-12　其他项目清单与计价汇总表

工程名称：××楼装饰装修工程　　　　　　　　　　　标段：　　　　　　　　　第 1 页 共 1 页

序号	项目名称	金额/元	结算金额/元	备注
1	暂列金额	10000.00		明细详见表-12-1
2	暂估价	3000.00		
2.1	材料(工程设备)暂估价	—		明细详见表-12-2
2.2	专业工程暂估价	3000.00		明细详见表-12-3
3	计日工	4702.50		明细详见表-12-4
4	总承包服务费	950.00		明细详见表-12-5
5				
	合　计	18652.50		—

注：材料（工程设备）暂估单价进入清单项目综合单价，此处不汇总。

（1）暂列金额明细表

表-12-1　暂列金额明细表

工程名称：××楼装饰装修工程　　　　　　　标段：　　　　　　　第 1 页 共 1 页

序号	项目名称	计量单位	暂列金额/元	备注
1	政策性调整和材料价格风险	项	5000.00	
2	工程量清单中工程量变更和设计变更	项	4000.00	
3	其他	项	1000.00	
	合计		10000.00	—

注：此表由招标人填写，如不能详列，也可只列暂定金额总额，投标人应将上述暂列金额计入投标总价中。

（2）材料（工程设备）暂估单价及调整表

表-12-2　材料（工程设备）暂估单价及调整表

工程名称：××楼装饰装修工程　　　　　　　标段：　　　　　　　第 1 页 共 1 页

序号	材料（工程设备）名称、规格、型号	计量单位	数量		暂估/元		确认/元		差额±/元		备注
			暂估	确认	单价	合价	单价	合价	单价	合价	
1	台阶花岗石	m²	5.80		200	1160					用在台阶装饰工程中
2	U形轻龙骨大龙骨 $h=45$	m	68.00		3.61	245.48					用在部分吊顶工程中
	（其他略）										
	合　计					1405.48					

注：此表由招标人填写"暂估单价"，并在备注栏说明暂估价的材料、工程设备拟用在哪些清单项目上，投标人应将上述材料，工程设备暂估单价计入工程量清单综合单价报价中。

（3）专业工程暂估价表

表-12-3　专业工程暂估价表

工程名称：××楼装饰装修工程　　　　　　　标段：　　　　　　　第 1 页 共 1 页

序号	工程名称	工程内容	暂估金额/元	结算金额/元	差额±/元	备注
1	消防工程	合同图纸中标明的以及消防工程规范和技术说明中规定的各系统中的设备等的供应、安装和调试工作	3000.00			
	合　计		3000.00			

注：此表"暂估金额"由招标人填写，投标人应将"暂估金额"计入投标总价中。

（4）计日工表

表-12-4　计日工表

工程名称：××楼装饰装修工程　　　　　　　　　标段：　　　　　　　　　第 1 页　共 1 页

编号	项目名称	单位	暂定数量	实际数量	综合单价/元	合价/元	
						暂定	实际
一	人工						
1	技工	工日	15		38.50	577.50	
2	抹灰工	工日	6		40.00	240.00	
3	油漆工	工日	6		40.00	240.00	
	人工小计					1057.50	
二	材料						
1	合金型材	kg	100.00		4.35	435.00	
2	油漆	kg	60.00		50.50	3030.00	
	材料小计					3465.00	
三	施工机械						
1	平面磨石机	台班	15		6.00	90.00	
2	磨光机	台班	18		5.00	90.00	
	施工机械小计					180.00	
四、企业管理费和利润							
	总　计					4702.50	

注：此表项目名称、暂定数量由招标人填写，编制招标控制价时，单价由招标人按有关计价规定确定；投标时，单价由投标人自主报价，按暂定数量计算合价计入投标总价中。结算时，按发承包双方确认的实际数量计算合价。

（5）总承包服务费计价表

【填制说明】　编制招标控制价的"总承包服务费计价表"时，招标人应按有关计价规定计价。

表-12-5　总承包服务费计价表

工程名称：××楼装饰装修工程　　　　　　　　　标段：　　　　　　　　　第 1 页　共 1 页

序号	项目名称	项目价值/元	服务内容	计算基础	费率（%）	金额/元
1	发包人发包专业工程	10000	1. 按专业工程承包人的要求提供施工工作面并对施工现场进行统一整理汇总 2. 为专业工程承包人提供垂直运输机械和焊接电源接入点，并承担垂直运输费和电费	项目价值	5	500.00
2	发包人供应材料	45000	对发包人供应的材料进行验收及保管和使用发放	项目价值	1	450.00
	合　计	—		—	—	950.00

注：此表项目名称、服务内容由招标人填写，编制招标控制价时，费率及金额由招标人按有关计价规定确定；投标时，费率及金额由投标人自主报价，计入投标总价中。

9. 规费、税金项目计价表

表-13　规费、税金项目计价表

工程名称：××楼装饰装修工程　　　　　　标段：　　　　　　　　第1页　共1页

序号	项目名称	计算基础	计算基数	计算费率（%）	金额/元
1	规费				17784.04
1.1	工程排污费	按工程所在地环保部门规定按实计算			—
1.2	社会保险费		（1）+（2）+（3）+（4）		13823.10
（1）	养老保险费	定额人工费		14	8601.04
（2）	失业保险费	定额人工费		2	1228.72
（3）	医疗保险费	定额人工费		6	3686.16
（4）	工伤保险费	定额人工费		0.5	307.18
1.3	住房公积金	定额人工费		6	3686.16
1.4	工程定额预测费	税前工程造价		0.14	274.78
2	税金	分部分项工程费+措施项目费+其他项目费+规费－按规定不计税的工程设备金额		3.413	7305.58
	合　计				25089.62

编制人（造价人员）：　　　　　　　　　　复核人（造价工程师）：

10. 主要材料、工程设备一览表

（1）发包人在招标文件中提供的承包人提供主要材料和工程设备一览表（适用于造价信息差额调整法）

表-21　承包人提供主要材料和工程设备一览表

（适用于造价信息差额调整法）

工程名称：××楼装饰装修工程　　　　　　标段：　　　　　　　　第1页　共1页

序号	名称、规格、型号	单位	数量	风险系数（%）	基准单价/元	投标单价/元	发承包人确认单价/元	备注
1	预拌混凝土 C10	m³	15	≤5	240			
2	预拌混凝土 C15	m³	100	≤5	263			
3	预拌混凝土 C20	m³	880	≤5	280			
	（其他略）							

注：1. 此表由招标人填写除"投标单价"栏的内容，投标人在投标时自主确定投标单价。

　　2. 投标人应优先采用工程造价管理机构发布的单价作为基准单价，未发布的，通过市场调查确定其基准单价。

（2）发包人在招标文件中提供的承包人提供主要材料和工程设备一览表（适用于价格指数差额调整法）

表-22　承包人提供主要材料和工程设备一览表

（适用于价格指数差额调整法）

工程名称：××楼装饰装修工程　　　　　　　　标段：　　　　　　第1页　共1页

序号	名称、规格、型号	变值权重 B	基本价格指数 F_0	现行价格指数 F_t	备注
1	人工		110%		
2	合金型钢		4200 元/t		
3	预拌混凝土 C20		280 元/m³		
4	机械费		100%		
	定值权重 A		—	—	
	合　计	1	—	—	

注：1. 名称、规格、型号"、"基本价格指数"栏由招标人填写，基本价格指数应首先采用工程造价管理机构发布的价格指数，没有时，可采用发布的价格代替。如人工、机械费也采用本法调整由招标人在"名称"栏填写。

2. "变值权重"栏由投标人根据该项人工、机械费和材料、工程设备值在投标总报价中所占的比例填写，1减去其比例为定值权重。

3. "现行价格指数"按约定的付款证书相关周期最后一天的前42d的各项价格指数填写，该指数应首先采用工程造价管理机构发布的价格指数，没有时，可采用发布的价格代替。

9.3　装饰装修工程投标报价编制

现以某楼装饰装修工程为例介绍投标报价编制（由委托工程造价咨询人编制）。

1. 封面

【填制说明】　投标总价封面的应填写投标工程的具体名称，投标人应盖单位公章。

封-3　投标总价封面

××楼装饰装修　工程

投 标 总 价

投 标 人：　　××建筑装饰装修公司　　　

（单位盖章）

××年×月×日

2. 扉页

【填制说明】　投标人编制投标报价时，投标总价扉页由投标人单位注册的造价人员编制，投标人盖单位公章，法定代表人或其授权人签字或盖章，编制的造价人员（造价工程师或造价员）签字盖执业专用章。

扉-3　投标总价扉页

投 标 总 价

招　　标　　人：　　　××市房地产开发公司

工　程　名　称：　　　××楼装饰装修工程

投标总价（小写）：　　　216093.85 元

（大写）：　　　贰拾壹万陆仟零玖拾叁元捌角伍分

投　　标　　人：　　　××建筑装饰装修公司

（单位盖章）

法定代表人

或其授权人：　　　×××

（签字或盖章）

编　　制　　人：　　　×××

（造价人员签字盖专用章）

编制时间：××年×月×日

3. 总说明

【填制说明】　编制投标报价的总说明内容应包括：

1）采用的计价依据。

2）采用的施工组织设计。

3）综合单价中风险因素、风险范围（幅度）。

4）措施项目的依据。

5）其他有关内容的说明等。

表-01　总说明

1. 编制依据：

1.1　建设方提供的××楼装饰装修工程施工图、招标邀请书等一系列招标文件。

2. 编制说明：

2.1　经核算建设方招标书中发布的"工程量清单"中的工程数量基本无误。

2.2　我公司编制的该工程施工方案，基本与招标控制价的施工方案相似，所以措施项目与招标控制价采用的一致。

2.3　经我公司实际进行市场调查后，建筑材料市场价格确定如下：

2.3.1　其他所有材料均在×市建设工程造价主管部门发布的市场材料价格上下浮3%。

2.3.2　按我公司目前资金的技术能力、该工程各项施工费率值取定如下：(略)。

4. 投标控制价汇总表

【填制说明】　与招标控制价的表一致，此处需要说明的是，投标报价汇总表与投标函中投标报价金额应当一致。就投标文件的各个组成部分而言，投标函是最重要的文件，其他组成部分都是投标函的支持性文件，投标函是必须经过投标人签字盖章，并且在开标会上必须当众宣读的文件。如果投标报价汇总表的投标总价与投标函填报的投标总价不一致，应当以投标函中填写的大写金额为准。实践中，对该原则一直缺少一个明确的依据，为了避免出现争议，可以在"投标人须知"中给予明确，用在招标文件中预先给予明示约定的方式来弥补法律法规依据的不足。

表-02 建设项目投标报价汇总表

工程名称：××楼装饰装修工程   第1页 共1页

| 序号 | 单项工程名称 | 金额/元 | 其中:/元 | | |
			暂估价	安全文明施工费	规费
1	××楼装饰装修工程	216093.85	92875.78	5795.71	17432.55
	合　计	216093.85	92875.78	5795.71	17432.55

注：本表适用于建设项目招标控制价或投标报价的汇总。

表-03 单项工程投标报价汇总表

工程名称：××楼装饰装修工程   第1页 共1页

| 序号 | 单位工程名称 | 金额/元 | 其中:/元 | | |
			暂估价	安全文明施工费	规费
1	××楼装饰装修工程	216093.85	92875.78	5795.71	17432.55
	合　计	216093.85	92875.78	5795.71	17432.55

注：本表适用于单项工程招标控制价或投标报价的汇总。暂估价包括分部分项工程中的暂估价和专业工程暂估价。

表-04　单位工程投标报价汇总表

工程名称：××楼装饰装修工程　　　　　　　　　　　　　　　　　　第1页　共1页

序号	汇总内容	金额/元	其中:暂估价/元
1	分部分项工程	150566.03	92875.78
0111	楼地面工程	53441.65	40069.38
0112	墙、柱面工程	28624.41	15475.85
0113	天棚工程	11857.41	8403.43
0108	门窗工程	54783.32	28927.12
0114	油漆、涂料、裱糊工程	1859.24	
2	措施项目	22236.90	
2.1	其中:安全文明施工费	5795.71	
3	其他项目	18726.50	
3.1	其中:暂列金额	10000.00	
3.2	其中:专业工程暂估价	3000.00	
3.3	其中:计日工	4666.50	
3.4	其中:总承包服务费	1060.00	
4	规费	17432.55	
5	税金	7131.87	
投标报价合计 = 1 + 2 + 3 + 4 + 5		216093.85	92875.78

注：本表适用于单位工程招标控制价或投标报价的汇总，单项工程也使用本表汇总。

5. 分部分项工程和单价措施项目清单与计价表

【填制说明】　编制投标报价时，招标人对分部分项工程和单价措施项目清单与计价表中的"项目编码""项目名称""项目特征""计量单位""工程量"均不应做改动。"综合单价""合价"自主决定填写，对其中的"暂估价"栏，投标人应将招标文件中提供了暂估材料单价的暂估价进入综合单价，并应计算出暂估单价的材料在"综合单价"及其"合价"中的具体数额，因此，为更详细反应暂估价情况，也可在表中增设一栏"综合单价"其中的"暂估价"。

表-08　分部分项工程和单价措施项目清单与计价表（一）

工程名称：××楼装饰装修工程　　　　　　　　标段：　　　　　　　　第1页　共2页

序号	项目编码	项目名称	项目特征描述	计量单位	工程量	金　额/元		
						综合单价	合价	其中暂估价
			0111　楼地面工程					
1	011101001001	水泥砂浆楼地面	1.二层楼面粉水泥砂浆 2.1:2 水泥砂浆,厚20mm	m²	10.68	8.62	92.06	

（续）

序号	项目编码	项目名称	项目特征描述	计量单位	工程量	金额/元		
						综合单价	合价	其中
								暂估价
2	011102001001	石材楼地面	1. C10 混凝土垫层，粒径40mm，厚8mm 2. 一层大理石地面，0.80m×0.80m大理石面层	m²	83.25	203.75	16962.19	11236.45
			（其他略）					
			分部小计				53441.65	40069.38
			0112　墙、柱面工程					
3	011201001001	墙面一般抹灰	1. 混合砂浆15mm厚 2. 888涂料三遍	m²	926.15	13.28	12299.27	
4	011204003001	块料墙面	1. 瓷板墙裙，砖墙面层 2. 1：3 水泥砂浆，17mm厚	m²	66.32	35.00	2321.20	1697.35
			（其他略）					
			分部小计				28624.41	15475.85
			0113　顶棚工程					
5	011301001001	天棚抹灰	1. 现浇板底 2. 1：1：4 水泥、石灰砂浆，7mm厚 3. 1：0.5：3 水泥砂浆，5mm厚 4. 888涂料三遍	m²	123.61	13.30	1644.01	
			分部小计				1644.01	
			本页小计				83710.07	
			合计				83710.07	55545.23

注：为计取规费等的使用，可在表中增设其中："定额人工费"。

表-08　分部分项工程和单价措施项目清单与计价表（二）

工程名称：××楼装饰装修工程　　　　　　标段：　　　　　　　　　第2页　共2页

序号	项目编码	项目名称	项目特征描述	计量单位	工程量	金额/元		
						综合单价	合价	其中
								暂估价
			0113　天棚工程					
6	011302002001	格栅吊顶	1. 不上人型U形轻钢龙骨，600×600 2. 600×600 石膏板面层	m²	162.40	49.62	8058.29	4697.76
			（其他略）					
			分部小计				11857.41	8403.43
			0108　门窗工程					

（续）

序号	项目编码	项目名称	项目特征描述	计量单位	工程量	综合单价	合价	其中 暂估价
7	010801001001	胶合板门	1. 胶合板门 M-2 2. 杉木框钉 5mm 胶合板 3. 面层 3mm 厚榉木板 4. 聚氨酯 5 遍 5. 门碰、执手锁 11 个	樘	13	427.50	5557.50	2900.65
8	010807001001	金属平开窗	1. 铝合金平开窗，铝合金 1.2mm 厚 2. 50 系列 5mm 厚白玻璃	樘	8	276.22	2209.76	1375.64
			（其他略）					
			分部小计				54783.32	28927.12
	0114		油漆、涂料、裱糊工程					
9	011406001001	抹灰面油漆	1. 外墙门窗套外墙漆 2. 水泥砂浆面上刷外墙漆	m²	42.82	43.42	1859.24	
			分部小计				1859.24	
			本页小计				68499.97	37330.55
			合计				152210.04	92875.78

注：为计取规费等的使用，可在表中增设其中："定额人工费"。

6. 综合单价分析表

【填制说明】 编制投标报价时，综合单价分析表应填写使用的企业定额名称，也可填写使用的省级或行业建设主管部门发布的计价定额，如不使用则不填写。

表-09 综合单价分析表

工程名称：××楼装饰装修工程　　　　　　标段：　　　　　　　　第1页 共1页

项目编码	011406001001		项目名称	抹灰面油漆	计量单位	m²	工程量	43.42

清单综合单价组成明细

定额编号	定额项目名称	定额单位	数量	单价				合价			
				人工费	材料费	机械费	管理费和利润	人工费	材料费	机械费	管理费和利润
BE0267	抹灰面满刮耐水腻子	100m²	0.01	360.00	2550.00	—	110.00	3.60	25.50	—	1.10
BE0267	外墙乳胶底漆一遍面漆两遍	100m²	0.01	320.00	900.00	—	102.00	3.20	9.00	—	1.02
人工单价			小计					6.80	34.50	—	2.12
45 元/工日			未计价材料费								
清单项目综合单价								43.42			

（续）

主要材料名称、规格、型号	单位	数量	单价/元	合价/元	暂估单价/元	暂估合价/元
耐水成品腻子	kg	2.50	9.90	24.75		
×××牌乳胶漆面漆	kg	0.353	19.50	6.88		
×××牌乳胶漆底漆	kg	0.136	16.50	2.24		
其他材料费			—	0.63	—	
材料费小计			—	34.50	—	

（材料费明细）

注：1. 如不使用省级或行业建设主管部门发布的计价依据，可不填定额编号、名称等。
   2. 招标文件提供了暂估单价的材料，按暂估的单价填入表内"暂估单价"栏及"暂估合价"栏。

（其他工程综合单价分析表略）

7. 总价措施项目清单与计价表

【填制说明】 编制投标报价时，总价措施项目清单与计价表中除"安全文明施工费"必须按《建设工程工程量清单计价规范》（GB 50500—2013）的强制性规定，按省级或行业建设主管部门的规定记取外，其他措施项目均可根据投标施工组织设计自主报价。

表-11 总价措施项目清单与计价表

工程名称：××楼装饰装修工程　　　　　　标段：　　　　　　第1页 共1页

序号	项目编码	项目名称	计算基础	费率（%）	金额/元	调整费率（%）	调整后金额/元	备注
1	011707001001	安全文明施工费	直接费	1.98	5795.71			
2	011707002001	夜间施工增加费	人工费	3	1806.78			
3	011707004001	二次搬运费	人工费	2	1204.52			
4	011707005001	冬雨期施工增加费	人工费	1	602.26			
5	011707007001	已完工程及设备保护费			1500.00			
6	011703001001	垂直运输机械费			3800.00			
	（其他略）							
	合　计				22236.90			

编制人（造价人员）：　　　　　　　复核人（造价工程师）：

注：1. "计算基础"中安全文明施工费可为"定额基价""定额人工费"或"定额人工费 + 定额机械费"，其他项目可为"定额人工费"或"定额人工费 + 定额机械费"。
   2. 按施工方案计算的措施费，若无"计算基础"和"费率"的数值，也可只填"金额"数值，但应在备注栏说明施工方案出处或计算方法。

8. 其他项目清单与计价汇总表

【填制说明】 编制投标报价时，其他项目清单与计价汇总表应按招标工程量清单提供的"暂估金额"和"专业工程暂估价"填写金额，不得变动。"计日工""总承包服务费"

自主确定报价。

表-12 其他项目清单与计价汇总表

工程名称：××楼装饰装修工程 　　　　　　　　　　标段： 　　　　　第1页 共1页

序号	项目名称	金额/元	结算金额/元	备注
1	暂列金额	10000.00		明细详见表-12-1
2	暂估价	3000.00		
2.1	材料(工程设备)暂估价	—		明细详见表-12-2
2.2	专业工程暂估价	3000.00		明细详见表-12-3
3	计日工	4666.50		明细详见表-12-4
4	总承包服务费	1060.00		明细详见表-12-5
5				
	合计	18726.50		—

注：材料（工程设备）暂估单价进入清单项目综合单价，此处不汇总。

（1）暂列金额明细表

表-12-1 暂列金额明细表

工程名称：××楼装饰装修工程 　　　　　　　　　　标段： 　　　　　第1页 共1页

序号	项目名称	计量单位	暂列金额/元	备注
1	政策性调整和材料价格风险	项	5000.00	
2	工程量清单中工程量变更和设计变更	项	4000.00	
3	其他	项	1000.00	
	合计		10000.00	—

注：此表由招标人填写，如不能详列，投也可只列暂定金额总额，投标人应将上述暂列金额计入投标总价中。

表-12-2 材料（工程设备）暂估单价及调整表

工程名称：××楼装饰装修工程 　　　　　　　　　　标段： 　　　　　第1页 共1页

序号	材料(工程设备)名称、规格、型号	计量单位	数量 暂估	数量 确认	暂估/元 单价	暂估/元 合价	确认/元 单价	确认/元 合价	差额±/元 单价	差额±/元 合价	备注
1	台阶花岗石	m²	5.80		200	1160					用在台阶装饰工程中
2	U形轻龙骨大龙骨 h=45	m	68.00		3.61	245.48					用在部分吊顶工程中
	（其他略）										
	合计					1405.48					

注：此表由招标人填写"暂估单价"，并在备注栏说明暂估价的材料、工程设备拟用在哪些清单项目上，投标人应将上述材料，工程设备暂估单价计入工程量清单综合单价报价中。

（2）专业工程暂估价表

表-12-3　专业工程暂估价表

工程名称：××楼装饰装修工程　　　　　　　　　　　标段：　　　　　　　第 1 页　共 1 页

序号	工程名称	工程内容	暂估金额/元	结算金额/元	差额±/元	备注
1	消防工程	合同图纸中标明的以及消防工程规范和技术说明中规定的各系统中的设备等的供应、安装和调试工作	3000.00			
	合　计		3000.00			

注：此表"暂估金额"由招标人填写，投标人应将"暂估金额"计入投标总价中。

（3）计日工表

表-12-4　计日工表

工程名称：××楼装饰装修工程　　　　　　　　　　　标段：　　　　　　　第 1 页　共 1 页

编号	项目名称	单位	暂定数量	实际数量	综合单价/元	合价/元 暂定	合价/元 实际
一	人工						
1	技工	工日	15		38.50	577.50	
2	抹灰工	工日	6		38.00	228.00	
3	油漆工	工日	6		38.00	228.00	
	人工小计					1033.50	
二	材料						
1	合金型材	kg	100.00		4.35	435.00	
2	油漆	kg	60.00		50.00	3000.00	
	材料小计					3435.00	
三	施工机械						
1	平面磨石机	台班	15		6.00	90.00	
2	磨光机	台班	18		6.00	108.00	
	施工机械小计					198.00	
四、企业管理费和利润							
	总　计					4666.50	

注：此表项目名称、暂定数量由招标人填写，编制招标控制价时，单价由招标人按有关计价规定确定；投标时，单价由投标人自主报价，按暂定数量计算合价计入投标总价中。结算时，按承包双方确认的实际数量计算合价。

（4）总承包服务费计价表

编制投标报价时，由投标人根据工程量清单中的总承包服务内容，自主决定报价。

表-12-5　总承包服务费计价表

工程名称：××楼装饰装修工程　　　　　　　　　　标段：　　　　　第1页　共1页

序号	项目名称	项目价值/元	服务内容	计算基础	费率（%）	金额/元
1	发包人发包专业工程	10000	1.按专业工程承包人的要求提供施工工作面并对施工现场进行统一整理汇总 2.为专业工程承包人提供垂直运输机械和焊接电源接入点，并承担垂直运输费和电费	项目价值	7	700.00
2	发包人供应材料	45000	对发包人供应的材料进行验收及保管和使用发放	项目价值	0.8	360.00
合　计	—		—		—	1060.00

注：此表项目名称、服务内容有招标人填写，编制招标控制价时，费率及金额由招标人按有关计价规定确定；投标时，费率及金额由投标人自主报价，计入投标总价中。

9. 规费、税金项目计价表

表-13　规费、税金项目计价表

工程名称：××楼装饰装修工程　　　　　　　　　　标段：　　　　　第1页　共1页

序号	项目名称	计算基础	计算基数	计算费率（%）	金额/元
1	规费				17432.55
1.1	工程排污费	按工程所在地环保部门规定按实计算			—
1.2	社会保险费		（1）+（2）+（3）+（4）		13550.85
（1）	养老保险费	定额人工费		14	8431.64
（2）	失业保险费	定额人工费		2	1204.52
（3）	医疗保险费	定额人工费		6	3613.56
（4）	工伤保险费	定额人工费		0.5	301.13
1.3	住房公积金	定额人工费		6	3613.56
1.4	工程定额预测费	税前工程造价		0.14	268.14
2	税金	分部分项工程费＋措施项目费＋其他项目费＋规费－按规定不计税的工程设备金额		3.413	7131.87
合　计					24564.42

编制人（造价人员）：　　　　　　　复核人（造价工程师）：

10. 总价项目进度款支付分解表

表-16 总价项目进度款支付分解表

工程名称：××楼装饰装修工程　　　　　　　　　　标段：　　　　　　　　　第1页　共1页

序号	项目名称	总价金额	首次支付	二次支付	三次支付	四次支付	五次支付	
1	安全文明施工费	5795.71	1738.71	1738.71	1159.14	1159.15		
2	夜间施工增加费	1806.78	361.35	361.35	361.35	361.35	361.38	
3	二次搬运费	7269.40	1453.88	1453.88	1453.88	1453.88	1453.88	
	略							
	社会保险费	13550.85	2710.17	2710.17	2710.17	2710.17	2710.17	
	住房公积金	3613.56	722.71	722.71	722.71	722.71	722.72	
	合　计							

编制人（造价人员）：　　　　　　　　　　　　复核人（造价工程师）：

注：1. 本表应由承包人在投标报价时根据发包人在招标文件明确的进度款支付周期与报价填写，签订合同时，发承包双方可就支付分解协商调整后作为合同附件。

2. 单价合同使用本表，"支付"栏时间应与单价项目进度款支付周期相同。

3. 总价合同使用本表，"支付"栏时间应与约定的工程计量周期相同。

11. 主要材料、工程设备一览表

（1）承包人在投标报价中按发包人要求填写的承包人提供主要材料和工程设备一览表（适用于造价信息差额调整法）

表-21 承包人提供主要材料和工程设备一览表

（适用于造价信息差额调整法）

工程名称：××楼装饰装修工程　　　　　　　　　　标段：　　　　　　　　　第1页　共1页

序号	名称、规格、型号	单位	数量	风险系数（%）	基准单价/元	投标单价/元	发承包人确认单价/元	备注
1	预拌混凝土 C10	m^3	15	≤5	240	235		
2	预拌混凝土 C15	m^3	100	≤5	263	260		
3	预拌混凝土 C20	m^3	880	≤5	280	280		
	（其他略）							

注：1. 此表由招标人填写除"投标单价"栏的内容，投标人在投标时自主确定投标单价。

2. 投标人应优先采用工程造价管理机构发布的单价作为基准单价，未发布的，通过市场调查确定其基准单价。

（2）承包人在投标报价中，按发包人要求填写的承包人提供主要材料和工程设备一览表（适用于价格指数差额调整法）

表-22 承包人提供主要材料和工程设备一览表

（适用于价格指数差额调整法）

工程名称：××楼装饰装修工程　　　　　　　　　　标段：　　　　　第1页 共1页

序号	名称、规格、型号	变值权重 B	基本价格指数 F_0	现行价格指数 F_t	备注
1	人工	0.18	110%		
2	合金型钢	0.11	4200 元/t		
3	预拌混凝土 C20	0.16	280 元/m³		
4	机械费	8	100%		
	定值权重 A	42	—	—	—
	合　计	1	—	—	—

注：1. "名称、规格、型号""基本价格指数"栏由招标人填写，基本价格指数应首先采用工程造价管理机构发布的价格指数，没有时，可采用发布的价格代替。如人工、机械费也采用本法调整由招标人在"名称"栏填写。

　　2. "变值权重"栏由投标人根据该项人工、机械费和材料、工程设备值在投标总报价中所占的比例填写，1减去其比例为定值权重。

　　3. "现行价格指数"按约定的付款证书相关周期最后一天的前42d的各项价格指数填写，该指数应首先采用工程造价管理机构发布的价格指数，没有时，可采用发布的价格代替。

9.4　装饰装修工程竣工结算编制

现以某楼装饰装修工程为例介绍工程竣工结算编制（发包人核对）。

1. 封面

【填制说明】　竣工结算书封面应填写竣工工程的具体名称，发承包双方应盖其单位公章，如委托工程造价咨询人办理的，还应加盖其单位公章。

封-4　竣工结算书封面

　　　　　　　　　　　　　××楼装饰装修　工程

　　　　　　　　　　　　　　　竣 工 结 算 书

　　　　发　包　人：　　　　××市房地产开发公司
　　　　　　　　　　　　　　　（单位盖章）

　　　　承　包　人：　　　　××建筑装饰装修公司
　　　　　　　　　　　　　　　（单位盖章）

　　　　造价咨询人：　　　　××工程造价咨询企业
　　　　　　　　　　　　　　　（单位盖章）

　　　　　　　　　　　　　××年×月×日

2. 扉页

【填制说明】

1）承包人自行编制竣工结算总价，竣工结算总价扉页由承包人单位注册的造价人员编制，承包人盖单位公章，法定代表人或其授权人签字或盖章，编制的造价人员（造价工程师或造价员）在编制人栏签字盖执业专用章。

发包人自行核对竣工结算时，由发包人单位注册的造价工程师核对，发包人盖单位公章，法定代表人或其授权人签字或盖章，造价工程师在核对人栏签字盖执业专用章。

2）发包人委托工程造价咨询人核对竣工结算时，竣工结算总价扉页由工程造价咨询人单位注册的造价工程师核对，发包人盖单位公章，法定代表人或其授权人签字或盖章；工程造价咨询人盖单位资质专用章，法定代表人或其授权人签字或盖章，造价工程师在核对人栏签字盖执业专用章。

除非出现发包人拒绝或不答复承包人竣工结算书的特殊情况，竣工结算办理完毕后，竣工结算总价封面发承包双方的签字、盖章应当齐全。

扉-4　竣工结算书扉页

＿×＿×楼装饰装修＿＿　工程

竣 工 结 算 总 价

签约合同价（小写）：216093.85 元　（大写）：＿贰拾壹万陆仟零玖拾叁元捌角伍分＿

竣工结算价（小写）：212550.74 元　（大写）：＿贰拾壹万贰仟伍佰伍拾元柒角四分＿

发包人：＿＿×××＿＿　　承包人：＿＿×××＿＿　　造价咨询人：＿×× 工程造价咨询企业

　　　　（单位盖章）　　　　　（单位盖章）　　　　　　　　（单位资质专用章）

法定代表人　　　　　法定代表人　　　　　法定代表人

或其授权人：＿×××＿　或其授权人：＿＿×××＿　或其授权人：＿＿×××＿

　　（签字或盖章）　　　　（签字或盖章）　　　　　（签字或盖章）

编　制　人：＿＿×××＿＿　　　核　对　人：＿＿×××＿＿

　（造价人员签字盖专用章）　　　（造价工程师签字盖专用章）

编制时间：××年×月×日　　　　　核对时间：××年×月×日

---

3. 总说明

【填制说明】　竣工结算的总说明内容应包括：

（1）工程概况；

（2）编制依据；

（3）工程变更；

（4）工程价款调整；

（5）索赔；

（6）其他等。

表-01　总说明

工程名称：××楼装饰装修　　　　　　　　　　　　　　　　　　　　　　　第1页　共1页

1.工程概况:该工程建筑面积500㎡,其主要使用功能为商住楼;层数为三层,混合结构,建筑高度10.8m。合同工期为60d,实际施工工期55d。 　2.竣工结算依据 　（1）承包人报送的竣工结算。 　（2）施工合同、投标文件、招标文件。 　（3）竣工图、发包人确认的实际完成工程量和索赔及现场签证资料。 　（4）省建设主管部门颁发的计价定额和计价管理办法及相关计价文件。 　（5）省工程造价管理机构发布人工费调整文件。 　3.核对情况说明:(略)。 　4.结算价分析说明:(略)。

　注：此为发包人核对送竣工结算总说明。

4. 竣工结算汇总表

表-05　建设项目竣工结算汇总表

工程名称：××楼装饰装修　　　　　　　　　　　　　　　　　　　　　　　第1页　共1页

序号	单项工程名称	金额/元	其中：　/元	
			安全文明施工费	规费
1	××楼装饰装修工程	212550.74	5800.00	18124.21
	合　　计	212550.74	5800.00	18124.21

表-06　单项工程竣工结算汇总表

工程名称：××楼装饰装修工程　　　　　　　　　　　　　　　　　　　　　第1页　共1页

序号	单位工程名称	金额/元	其中：　/元	
			安全文明施工费	规费
1	××楼装饰装修工程	212550.74	5800.00	18124.21
	合　　计	212550.74	5800.00	18124.21

表-07 单位工程竣工结算汇总表

工程名称：××楼装饰装修工程　　　　　　　　　　标段：　　　　　　　　第1页 共1页

序号	汇总内容	金额/元
1	分部分项工程	152383.94
0111	楼地面工程	55832.46
0112	墙、柱面工程	28960.38
0113	顶棚工程	11047.88
0108	门窗工程	54733.86
0114	油漆、涂料、裱糊工程	1809.36
2	措施项目	22186.26
2.1	其中:安全文明施工费	5800.00
3	其他项目	12841.39
3.1	其中:专业工程结算价	2800.00
3.2	其中:计日工	4431.75
3.3	其中:总承包服务费	1057.64
3.4	其中:索赔与现场签证	4552.00
4	规费	18124.21
5	税金	7014.94
竣工结算总价合计 = 1 + 2 + 3 + 4 + 5		212550.74

注：如无单位工程划分，单项工程也使用本表汇总。

5. 分部分项工程和单价措施项目清单与计价表

【填制说明】 编制竣工结算时，分部分项工程和单价措施项目清单与计价表中可取消"暂估价"。

表-08 分部分项工程和单价措施项目清单与计价表（一）

工程名称：××楼装饰装修工程　　　　　　　　　　标段：　　　　　　　　第1页 共2页

序号	项目编码	项目名称	项目特征描述	计量单位	工程量	综合单价	合价	其中 暂估价
			0111　楼地面工程					
1	011101001001	水泥砂浆楼地面	1.二层楼面粉水泥砂浆 2.1:2 水泥砂浆，厚20mm	m²	10.68	8.45	90.25	
2	011102001001	石材楼地面	1. C10 混凝土垫层，粒径40mm，厚 8mm 2. 一层大理石地面，0.80m×0.80m 大理石面层	m²	85.00	203.75	17318.75	
			（其他略）					
			分部小计				55832.46	
			0112　墙、柱面工程					
3	011201001001	墙面一般抹灰	1.混合砂浆 15mm 厚 2.888 涂料三遍	m²	920.00	13.28	12217.60	

（续）

序号	项目编码	项目名称	项目特征描述	计量单位	工程量	综合单价	合价	其中 暂估价
4	011204003001	块料墙面	1. 瓷板墙裙,砖墙面层 2.1:3 水泥砂浆,17mm 厚	m²	70.00	35.00	2450.00	
			（其他略）					
			分部小计				28960.38	
			0113　顶棚工程					
5	011301001001	天棚抹灰	1. 现浇板底 2.1:1:4 水泥、石灰砂浆,7mm 厚 3.1:0.5:3 水泥砂浆,5mm 厚 4.888 涂料三遍	m²	120	13.30	1596.00	
			分部小计				1596.00	
			本页小计				86388.84	
			合计				86388.84	

注：为计取规费等的使用，可在表中增设其中："定额人工费"。

表-08　分部分项工程和单价措施项目清单与计价表（二）

工程名称：××楼装饰装修工程　　　　　标段：　　　　　　　　第2页　共2页

序号	项目编码	项目名称	项目特征描述	计量单位	工程量	综合单价	合价	其中 暂估价
			0113　天棚工程					
6	011302002001	格栅吊顶	1. 不上人型 U 形轻钢龙骨,600×600 2.600×600 石膏板面层	m²	162.40	49.20	7990.08	
			（其他略）					
			分部小计				11047.88	
			0108　门窗工程					
7	010801001001	胶合板门	1. 胶合板门 M-2 2. 杉木框钉 5mm 胶合板 3. 面层 3mm 厚榉木板 4. 聚氨酯 5 遍 5. 门碰、执手锁 11 个	樘	13	427.50	5557.50	
8	010807001001	金属平开窗	1. 铝合金平开窗,铝合金 1.2mm 厚 2. 50 系列 5mm 厚白玻璃	樘	8	276.22	2209.76	
			（其他略）					
			分部小计				54733.86	
			0114　油漆、涂料、裱糊工程					

（续）

序号	项目编码	项目名称	项目特征描述	计量单位	工程量	综合单价	合价	其中 暂估价
9	011406001001	抹灰面油漆	1. 外墙门窗套外墙漆 2. 水泥砂浆面上刷外墙漆	m²	42.00	43.08	1809.36	
			分部小计				1809.36	
			本页小计				65995.10	
			合计				152383.94	

注：为计取规费等的使用，可在表中增设其中："定额人工费"。

6. 综合单价分析表

【填制说明】 编制工程结算时，应在已标价工程量清单中的综合单价分析表中将确定的调整过的人工单价、材料单价等进行置换，形成调整后的综合单价。

表-09 综合单价分析表

工程名称：××楼装饰装修工程　　　　　　　　标段：　　　　　　　　第1页 共1页

项目编码	011406001001	项目名称	抹灰面油漆	计量单位	m²	工程量	43.08

清单综合单价组成明细

定额编号	定额项目名称	定额单位	数量	单价 人工费	单价 材料费	单价 机械费	单价 管理费和利润	合价 人工费	合价 材料费	合价 机械费	合价 管理费和利润
BE0267	抹灰面满刮耐水腻子	100m²	0.01	360.00	2530.00	—	110.00	3.60	25.30	—	1.10
BE0267	外墙乳胶底漆一遍面漆二遍	100m²	0.01	320.00	886.00	—	102.00	3.20	8.86	—	1.02
人工单价		小计						6.80	34.16	—	2.12
45元/工日		未计价材料费									
清单项目综合单价								43.08			

	主要材料名称、规格、型号	单位	数量	单价/元	合价/元	暂估单价/元	暂估合价/元
材料费明细	耐水成品腻子	kg	2.50	9.90	24.75		
	×××牌乳胶漆面漆	kg	0.35	19.50	6.83		
	×××牌乳胶漆底漆	kg	0.14	16.50	2.31		
	其他材料费			—	0.25		
	材料费小计			—	34.14		

注：1. 如不使用省级或行业建设主管部门发布的计价依据，可不填定额编号、名称等。
　　2. 招标文件提供了暂估单价的材料，按暂估的单价填入表内"暂估单价"栏及"暂估合价"栏。

（其他工程综合单价分析表略）

7. 综合单价调整表

【填制说明】　综合单价调整表用于由于各种合同约定调整因素出现时调整综合单价，此表实际上是一个汇总性质的表，各种调整依据应附表后，并且注意，项目编码、项目名称必须与已标价工程量清单保持一致，不得发生错漏，以免发生争议。

表-10　综合单价调整表

工程名称：××楼装饰装修工程　　　　　　　　　　　　标段：　　　　　　　　第1页　共1页

序号	项目编码	项目名称	已标价清单综合单价/元					调整后综合单价/元				
			综合单价	其中				综合单价	其中			
				人工费	材料费	机械费	管理费和利润		人工费	材料费	机械费	管理费和利润
1	011406001001	抹灰面油漆	43.42	6.80	34.50	—	2.12	43.08	6.80	34.16	—	2.12
2	（其他略）											

造价工程师(签章)：　发包人代表(签章)：　　　　　　造价人员(签章)：　发包人代表(签章)：

日期：　　　　　　　　　　　　　　　　　　　　　　日期：

注：综合单价调整应附调整依据。

8. 总价措施项目清单与计价表

【填制说明】　编制工程结算时，如省级或行业建设主管部门调整了安全文明施工费，应按调整后的标准计算此费用，其他总价措施项目经发承包双方协商进行了调整的，按调整后的标准计算。

表-11　总价措施项目清单与计价表

工程名称：××楼装饰装修工程　　　　　　　　　　　　标段：　　　　　　　　第1页　共1页

序号	项目编码	项目名称	计算基础	费率（%）	金额/元	调整费率（%）	调整后金额/元	备注
1	011707001001	安全文明施工费	直接费	1.98	5795.71	1.98	5800.00	
2	011707002001	夜间施工增加费	人工费	3	1806.78	3	1828.78	
3	011707004001	二次搬运费	人工费	2	1204.52	2	1219.19	
4	011707005001	冬雨期施工增加费	人工费	1	602.26	1	609.59	
5	011707007001	已完工程及设备保护费			1500.00		1500.00	
6	011703001001	垂直运输机械费			3800.00		3800.00	
		（其他略）						

（续）

序号	项目编码	项目名称	计算基础	费率（%）	金额/元	调整费率（%）	调整后金额/元	备注
		合　计			22236.90		22186.26	

编制人（造价人员）：　　　　　　　　复核人（造价工程师）：

注：1. "计算基础"中安全文明施工费可为"定额基价""定额人工费"或"定额人工费＋定额机械费"，其他项目可为"定额人工费"或"定额人工费＋定额机械费"。

　　2. 按施工方案计算的措施费，若无"计算基础"和"费率"的数值，也可只填"金额"数值，但应在备注栏说明施工方案出处或计算方法。

9. 其他项目清单与计价汇总表

【填制说明】　编制或核对工程结算，"专业工程暂估价"按实际分包结算价填写，"计日工""总承包服务费"按双方认可的费用填写，如发生"索赔"或"现场签证"费用，按双方认可的金额计入该表。

表-12　其他项目清单与计价汇总表

工程名称：××楼装饰装修工程　　　　　　　　　　标段：　　　　　　第1页　共1页

序号	项目名称	金额/元	结算金额/元	备注
1	暂列金额		—	
2	暂估价	—	2800.00	
2.1	材料（工程设备）暂估价	—		
2.2	专业工程暂估价	3000.00	2800.00	明细详见表-12-3
3	计日工	4666.50	4431.75	明细详见表-12-4
4	总承包服务费	1060.00	1057.64	明细详见表-12-5
5	索赔与现场签证		4552.00	明细详见表-12-6
	合计		12841.39	—

注：材料（工程设备）暂估单价进入清单项目综合单价，此处不汇总。

（1）材料（工程设备）暂估单价及调整表

表-12-2 材料（工程设备）暂估单价及调整表

工程名称：××楼装饰装修工程　　　　　　　　　　　　标段：　　　　　　　　第1页 共1页

序号	材料（工程设备）名称、规格、型号	计量单位	数量		暂估/元		确认/元		差额±/元		备注
			暂估	确认	单价	合价	单价	合价	单价	合价	
1	台阶花岗石	m²	5.80	5.80	200	1160	198	1148.40	−2	−11.60	
2	U形轻龙骨大龙骨 h=45	m	68.00	68.00	3.61	245.48	3.25	221.00	−0.36	−24.48	
	（其他略）										
	合　计					1405.48		1369.40		−36.08	

注：此表由招标人填写"暂估单价"，并在备注栏说明暂估价的材料、工程设备拟用在哪些清单项目上，投标人应将上述材料、工程设备暂估单价计入工程量清单综合单价报价中。

（2）专业工程结算价表

表-12-3 专业工程结算价表

工程名称：××楼装饰装修工程　　　　　　　　　　　　标段：　　　　　　　　第1页 共1页

序号	工程名称	工程内容	暂估金额/元	结算金额/元	差额±/元	备注
1	消防工程	合同图纸中标明的以及消防工程规范和技术说明中规定的各系统中的设备等的供应、安装和调试工作	3000.00	2800.00	−200	
		合　计	3000.00	2800.00	−200	

注：此表"暂估金额"由招标人填写，投标人应将"暂估金额"计入投标总价中，结算时按合同约定结算金额填写。

（3）计日工表

表-12-4 计日工表

工程名称：××楼装饰装修工程　　　　　　　　　　　　标段：　　　　　　　　第1页 共1页

编号	项目名称	单位	暂定数量	实际数量	综合单价/元	合价/元	
						暂定	实际
一	人工						
1	技工	工日	15	13	38.50	577.50	500.50
2	抹灰工	工日	6	6	38.00	228.00	228.00
3	油漆工	工日	6	6	38.00	228.00	228.00

（续）

编号	项目名称	单位	暂定数量	实际数量	综合单价/元	合价/元	
						暂定	实际
	人工小计						956.50
二	材料						
1	合金型材	kg	100.00	95	4.35	435.00	413.25
2	油漆	kg	60.00	58	50.00	3000.00	2900.00
	材料小计						3313.25
三	施工机械						
1	平面磨石机	台班	15	12	6.00	90.00	72.00
2	磨光机	台班	18	15	6.00	108.00	90.00
	施工机械小计						162.00
四、企业管理费和利润							
	总　计						4431.75

注：此表项目名称、暂定数量由招标人填写，编制招标控制价时，单价由招标人按有关计价规定确定；投标时，单价由投标人自主报价，按暂定数量计算合价计入投标总价中。结算时，按承包双方确认的实际数量计算合价。

（4）总承包服务费计价表

表-12-5　总承包服务费计价表

工程名称：××楼装饰装修工程　　　　　　　　标段：　　　　　　　第1页　共1页

序号	项目名称	项目价值/元	服务内容	计算基础	费率（%）	金额/元
1	发包人发包专业工程	9980	1.按专业工程承包人的要求提供施工工作面并对施工现场进行统一整理汇总 2.为专业工程承包人提供垂直运输机械和焊接电源接入点，并承担垂直运输费和电费	项目价值	7	698.60
2	发包人供应材料	44880	对发包人供应的材料进行验收及保管和使用发放	项目价值	0.8	359.04
	合　计	—		—	—	1057.64

（5）索赔与现场签证计价汇总表

【填制说明】　索赔与现场签证计价汇总表是对发承包双方签证认可的"费用索赔申请（核准）表"和"现场签证表"的汇总。

表-12-6 索赔与现场签证计价汇总表

工程名称：××楼装饰装修工程　　　　　　　标段：　　　　　　　第1页 共1页

序号	签证及索赔项目名称	计量单位	数量	单价/元	合价/元	索赔及签证依据
1	暂停施工				2552.00	001
2	吊灯	顶	2	1000	2000.00	002
…	（其他略）					
—	本页小计	—			4552.00	—
—	合　计	—			4552.00	—

注：签证及索赔依据是指经双方认可的签证单和索赔依据的编号。

（6）费用索赔申请（核准）表

【填制说明】 费用索赔申请（核准）表将费用索赔申请与核准设置于一个表，非常直观。使用本表时，承包人代表应按合同条款的约定阐述原因，附上索赔证据、费用计算报发包人，经监理工程师复核（按照发包人的授权不论是监理工程师或发包人现场代表均可），经造价工程师（此处造价工程师可以是承包人现场管理人员，也可以是发包人委托的工程造价咨询企业的人员）复核具体费用，经发包人审核后生效，该表以在选择栏中"□"内做标识"√"表示。

表-12-7 费用索赔申请（核准）表

工程名称：××楼装饰装修工程　　　　　　　标段：　　　　　　　编号：001

致：××市房地产开发公司
　　根据施工合同条款第12条的约定，由于你方工作需要 原因，我方要求索赔金额（大写）贰仟伍佰伍拾贰元（小写2552.00 元），请予核准。
附：1.费用索赔的详细理由和依据：（详见附件1）
　　2.索赔金额的计算：（详见附件2）
　　3.证明材料：（现场监理工程师现场人数确认）

　　　　　　　　　　　　　　　　　　　承包人（章）：（略）
　　　　　　　　　　　　　　　　　　　承包人代表：＿＿×××＿＿
　　　　　　　　　　　　　　　　　　　日　　期：××年×月×日

复核意见：
　　根据施工合同条款第12条的约定，你方提出的费用索赔申请经复核：
　　□不同意此项索赔，具体意见见附件。
　　☑同意此项索赔，索赔金额的计算，由造价工程师复核。

　　　　　监理工程师：＿＿×××＿＿
　　　　　日　　期：××年×月×日

复核意见：
　　根据施工合同条款第12条的约定，你方提出的费用索赔申请经复核，索赔金额为（大写）贰仟伍佰伍拾贰元（小写2552.00 元）。

　　　　　监理工程师：＿＿×××＿＿
　　　　　日　　期：××年×月×日

审核意见：
　　□不同意此项索赔。
　　☑同意此项索赔，与本期进度款同期支付。

　　　　　　　　　　　　　　发包人（章）（略）
　　　　　　　　　　　　　　发包人代表：＿＿×××＿＿
　　　　　　　　　　　　　　日　　期：××年×月×日

注：1. 在选择栏中的"□"内做标识"√"。
　　2. 本表一式四份，由承包人填报，发包人、监理人、造价咨询人、承包人各存一份。

附件1

关于暂停施工的通知

××建筑装饰装修公司××项目部：

为保持各考点周围环境安静,杜绝建筑工地产生可能影响考生考试的噪声或震动干扰,根据市政府统一部署,从6月7日～9日期间,以及6月14日～16日期间,全面暂停施工作业,严禁产生施工噪声、震动和扬尘。期间并配合上级主管部门进行工程质量检查工作。

特此通知。

××工程指挥办公室
××年××月××日

附件2

索赔费用计算表

编号:第×××号

一、人工费
1. 技工13人:13(人)×80元/工日×3日=1040元
2. 抹灰工6人:6(人)×60元/工日×3日=360元
3. 油漆工人:6(人)×60元/工日×3日=360元
小计:1760元
二、管理费
1760×45%=792.00元
索赔费用合计:2552.00元

（7）现场签证表

【填制说明】 现场签证种类繁多,发承包双方在工程实施过程中来往信函就责任事件的证明均可称为现场签证,但并不是所有的签证均可马上算出价款,有的需要经过索赔程序,这时的签证仅是索赔的依据,有的签证可能根本不涉及价款。本表仅是针对现场签证需要价款结算支付的一种,其他内容的签证也可适用。考虑到招标时招标人对计日工项目的预估难免会有遗漏,造成实际施工发生后,无相应的计日工单价,现场签证只能包括单价一并处理,因此,在汇总时,有计日工单价的,可归并于计日工,如无计日工单价的,归并于现场签证,以示区别。当然,现场签证全部汇总于计日工也是一种可行的处理方式。

表-12-8 现场签证表

工程名称：××楼装饰装修工程　　　　　　标段：　　　　　　编号：002

施工单位	指定位置	日期	××年×月×日

致:××市房地产开发公司

根据×× （指令人姓名)××年××月××日书面通知,我方要求完成此项工作应支付价款金额为(大写)贰仟元(小写2000.00),请予核准。

附:1. 签证事由及原因:增加吊顶2项。

2. 附图及计算式:(略)

承包人(章):(略)
承包人代表：×××
日　　期：××年×月×日

（续）

施工单位	指定位置	日期	××年×月×日

复核意见： 你方提出的此项签证申请经复核： □不同意此项签证,具体意见见附件。 ☑同意此项签证,签证金额的计算,由造价工程师复核。 监理工程师：××× 日　期：××年×月×日	复核意见： ☑此项签证按承包人中标的计日工单价计算,金额为（大写）贰仟元,（小写2000.00）。 □此项签证因无计日工单价,金额为（大写）____元,（小写）____。 造价工程师：××× 日　期：××年×月×日

审核意见：
□不同意此项签证。
☑同意此项签证,价款与本期进度款同期支付。

承包人（章）（略）
承包人代表：×××
日　期：××年×月×日

注：1. 在选择栏中的"□"内做标识"√"。
　　2. 本表一式四份,由承包人在收到发包人（监理人）的口头或书面通知后填写,发包人、监理人、造价咨询人、承包人各存一份。

10. 规费、税金项目计价表

表-13　规费、税金项目计价表

工程名称：××楼装饰装修工程　　　　　　标段：　　　　　　第1页　共1页

序号	项目名称	计算基础	计算基数	计算费率（%）	金额/元
1	规费				18124.21
1.1	工程排污费	按工程所在地环保部门规定按实计算			488.42
1.2	社会保险费		(1)+(2)+(3)+(4)		13715.85
(1)	养老保险费	定额人工费		14	8534.31
(2)	失业保险费	定额人工费		2	1219.19
(3)	医疗保险费	定额人工费		6	3657.56
(4)	工伤保险费	定额人工费		0.5	304.80
1.3	住房公积金	定额人工费		6	3657.56
1.4	工程定额预测费	税前工程造价		0.14	262.38
2	税金	分部分项工程费＋措施项目费＋其他项目费＋规费－按规定不计税的工程设备金额		3.413	7014.94
	合　计				25139.15

编制人（造价人员）：　　　　　　　　复核人（造价工程师）：

11. 工程计量申请（核准）表

【填制说明】 工程计量申请（核准）表填写的"项目编码""项目名称""计量单位"应与已标价工程量清单表中的一致，承包人应在合同约定的计量周期结束时，将申报数量填写在申报数量栏，发包人核对后如与承包人不一致，填在核实数量栏，经发承包双发共同核对确认的计量填在确认数量栏。

表-14　工程计量申请（核准）表

工程名称：××楼装饰装修工程　　　　　　　　标段：　　　　　第1页　共1页

序号	项目编码	项目名称	计量单位	承包人申报数量	发包人核实数量	发承包人确认数量	备注
1	011102001001	石材楼地面	m²	83.25	85.00	85.00	
2	011201001001	墙面一般抹灰	m²	926.15	920.00	920.00	
3	011204003001	块料墙面	m²	66.32	70.00	70.00	
4	011301001001	顶棚抹灰	m²	123.61	120.00	120.00	
5	011406001001	抹灰面油漆	m²	42.82	43.08	43.08	
	（略）						

承包人代表：　　　　监理工程师：　　　　造价工程师：　　　　发包人代表：

×××　　　　　×××　　　　　×××　　　　　×××

日期：××年×月×日　日期：××年×月×日　日期：××年×月×日　日期：××年×月×日

12. 预付款支付申请（核准）表

表-15　预付款支付申请（核准）表

工程名称：××楼装饰装修工程　　　　　　　　标段：　　　　　第1页　共1页

致：××市房地产开发公司

我方根据施工合同的约定,先申请支付工程预付款额为(大写)贰万壹仟玖佰陆拾玖元 (小写21969.00元),请予核准。

序号	名称	申请金额/元	复核金额/元	备注
1	已签约合同价款金额	216093.85	216093.85	
2	其中:安全文明施工费	5795.71	5795.71	
3	应支付的预付款	21609.00	20961.00	
4	应支付的安全文明施工费	360.00	360.00	
5	合计应支付的预会款	21969.00	21969.00	

计算依据见附件

承包人(章)

造价人员：×××　　　承包人代表：×××　　　日　期：××年×月×日

复核意见：

  □与合同约定不相符,修改意见见附件。

  ☑与合约约定相符,具体金额由造价工程师复核。

  监理工程师：___×××___

  日　　期：××年×月×日

复核意见：

  你方提出的支付申请经复核,应支付预付款金额为(大写)贰万壹仟玖佰陆拾玖元（小写21969.00元）。

  造价工程师：___×××___

  日　　期：××年×月×日

审核意见：

  □不同意。

  ☑同意,支付时间为本表签发后的15d内。

　　　　　　　　　发包人（章）
　　　　　　　　　发包人代表：___×××___
　　　　　　　　　日　　期：××年×月×日

注：1. 在选择栏中的"□"内做标识"√"。

　　2. 本表一式四份,由承包人填报,发包人、监理人、造价咨询人、承包人各存一份。

13. 进度款支付申请（核准）表

表-17　进度款支付申请（核准）表

工程名称：××楼装饰装修工程　　　　　　标段：　　　　　　　　编号：

致：××市房地产开发公司

　　我方于__××__至__××__期间已完成了__墙、柱面__工作,根据施工合同的约定,现申请支付本期的工程款额为(大写)__伍万元__（小写50000.00 元）,请予核准。

序号	名称	申请金额/元	复核金额/元	备注
1	累计已完成的工程价款	85000.00	85000.00	
2	累计已实际支付的工程价款	35000.00	35000.00	
3	本周期已完成的工程价款	50000.00	50000.00	
4	本周期完成的计日工金额			
5	本周期应增加和扣减的变更金额			
6	本周期应增加和扣减的索赔金额			
7	本周期应抵扣的预付款			
8	本周期应扣减的质保金			
9	本周期应增加或扣减的其他金额			
10	本周期实际应支付的工程价款	50000.00	50000.00	

附：上述3、4详见附件清单。

　　　　　　　　　　　　　　　　　　承包人（章）

造价人员：___×××___　　　承包人代表：___×××___　　　日　　期：××年×月×日

（续）

复核意见：	复核意见：
□与实际施工情况不相符，修改意见见附件。 ☑与实际施工情况相符，具体金额由造价工程师复核。 监理工程师：××× 日　期：××年×月×日	你方提供的支付申请经复核，本期间已完成工程款额为（大写）伍万元（小写50000.00元），本期间应支付金额为（大写）伍万元（小写50000.00元）。 造价工程师：××× 日　期：××年×月×日

审核意见：

□不同意。

☑同意，支付时间为本表签发后的15d内。

发包人（章）

发包人代表：×××

日　期：××年×月×日

注：1. 在选择栏中的"□"内做标识"√"。

　　2. 本表一式四份，由承包人填报，发包人、监理人、造价咨询人、承包人各存一份。

14. 竣工结算款支付申请（核准）表

表-18　竣工结算款支付申请（核准）表

工程名称：××楼装饰装修工程　　　　　　　　　标段：　　　　　　　编号：

致：××市房地产开发公司

我方于××至××期间已完成合同约定的工作，工程已经完工，根据施工合同的约定，现申请支付竣工结算合同款额为（大写）贰万贰仟玖佰陆拾玖元贰角肆分（小写22969.24元），请予核准。

序号	名称	申请金额/元	复核金额/元	备注
1	竣工结算合同价款总额	212550.74	212550.74	
2	累计已实际支付的合同价款	178954.00	178954.00	
3	应预留的质量保证金	10627.50	10627.50	
4	应支会的竣工结算款金额	22969.24	22969.24	

造价人员：×××　　承包人代表：×××　　日　期：××年×月×日

承包人（章）

复核意见：	复核意见：
□与实际施工情况不相符，修改意见见附件。 ☑与实际施工情况相符，具体金额由造价工程师复核。 监理工程师：××× 日　期：××年×月×日	你方提出的竣工结算款支付申请经复核，竣工结算款总额为（大写）贰拾壹万贰仟伍佰伍拾元柒角四分（小写212550.74元），扣除前期支付以及质量保证金后应支付金额为（大写）贰万贰仟玖佰陆拾玖元贰角肆分（小写22969.24元）。 造价工程师：××× 日　期：××年×月×日

审核意见：

□不同意。

☑同意，支付时间为本表签发后的15d内。

发包人（章）

发包人代表：×××

日　期：××年×月×日

注：1. 在选择栏中的"□"内做标识"√"。

　　2. 本表一式四份，由承包人填报，发包人、监理人、造价咨询人、承包人各存一份。

15. 最终结清支付申请（核准）表

表-19 最终结清支付申请（核准）表

工程名称：××楼装饰装修工程   标段：   编号：

致：××市房地产开发公司

我方于×× 至×××期间已完成了缺陷修复工作,根据施工合同的约定,现申请支付最终结清合同款额为(大写)壹万零陆佰贰拾柒元五角（小写10627.50 元）,请予核准。

序号	名称	申请金额/元	复核金额/元	备注
1	已预留的质量保证金	10627.50	10627.50	
2	应增加因发包人原因造成缺陷的修复金额	0	0	
3	应扣减承包人不修复缺陷、发包人组织修复的金额	0	0	
4	最终应支付的合同价款	10627.50	10627.50	

承包人（章）

造价人员：×××　　承包人代表：×××　　日　　期：××年×月×日

复核意见：
□与实际施工情况不相符,修改意见见附件。
☑与实际施工情况相符,具体金额由造价工程师复核。

监理工程师：　×××　
日　　期：××年×月×日

复核意见：
你方提出的支付申请经复核,最终应支付金额为(大写)壹万零陆佰贰拾柒元五角（小写10627.50 元）。

造价工程师：　×××　
日　　期：××年×月×日

审核意见：
□不同意。
☑同意,支付时间为本表签发后的15d 内。

发包人（章）
发包人代表：　×××　
日　　期：××年×月×日

注：1. 在选择栏中的"□"内做标识"√"。
2. 本表一式四份,由承包人填报,发包人、监理人、造价咨询人、承包人各存一份。

16. 承包人提供主要材料和工程设备一览表

（1）发承包双方确认的承包人提供主要材料和工程设备一览表（适用于造价信息差额调整法）

表-21　承包人提供主要材料和工程设备一览表
（适用于造价信息差额调整法）

工程名称：××楼装饰装修工程　　　　　　　　标段：　　　　第1页　共1页

序号	名称、规格、型号	单位	数量	风险系数（%）	基准单价/元	投标单价/元	发承包人确认单价/元	备注
1	预拌混凝土 C10	m³	15	≤5	240	235	236	
2	预拌混凝土 C15	m³	100	≤5	263	260	258.50	
3	预拌混凝土 C20	m³	880	≤5	280	280	282	
	（其他略）							

注：1. 此表由招标人填写除"投标单价"栏的内容，投标人在投标时自主确定投标单价。
　　2. 投标人应优先采用工程造价管理机构发布的单价作为基准单价，未发布的，通过市场调查确定其基准单价。

（2）发承包双方确认的承包人提供主要材料和工程设备一览表（适用于价格指数差额调整法）

表-22　承包人提供主要材料和工程设备一览表
（适用于价格指数差额调整法）

工程名称：××楼装饰装修工程　　　　　　　　标段：　　　　第1页　共1页

序号	名称、规格、型号	变值权重 B	基本价格指数 F_0	现行价格指数 F_t	备注
1	人工	0.18	110%	121%	
2	合金型钢	0.11	4200 元/t	4080 元/t	
3	预拌混凝土 C20	0.16	280 元/m³	282 元/m³	
4	机械费	8	100%	100%	
	定值权重 A	0.42	—	—	
	合　计	1	—	—	

注：1. "名称、规格、型号""基本价格指数"栏由招标人填写，基本价格指数应首先采用工程造价管理机构发布的价格指数，没有时，可采用发布的价格代替。如人工、机械费也采用本法调整由招标人在"名称"栏填写。
　　2. "变值权重"栏由投标人根据该项人工、机械费和材料、工程设备值在投标总报价中所占的比例填写，1减去其比例为定值权重。
　　3. "现行价格指数"按约定的付款证书相关周期最后一天的前42d的各项价格指数填写，该指数应首先采用工程造价管理机构发布的价格指数，没有时，可采用发布的价格代替。

参 考 文 献

［1］ 中华人民共和国住房和城乡建设部. GB 50500—2013 建设工程工程量清单计价规范［S］. 北京：中国计划出版社，2013.

［2］ 中华人民共和国住房和城乡建设部. GB 50854—2013 房屋建筑与装饰工程工程量计算规范［S］. 北京：中国计划出版社，2013.

［3］ 中华人民共和国住房和城乡建设部. 《建设工程计价计量规范辅导》［M］. 北京：中国计划出版社，2013.

［4］ 建设部标准定额研究所，湖南省建设工程造价管理总站. GYD-901—2002 全国统一建筑装饰装修工程消耗量定额［S］. 北京：中国计划出版社，2002.

［5］ 中华人民共和国建设部. GJD-101—1995 全国统一建筑工程基础定额（土建工程）［S］. 北京：中国计划出版社，1995.

［6］ 徐琳. 新版建筑工程工程量清单计价及实例［M］. 北京：化学工业出版社，2013.

［7］ 黄梅. 装饰装修工程工程量清单计价与投标详解［M］. 北京：中国建筑工业出版社，2013.

［8］ 张毅. 装饰装修工程识图与工程量清单计价［M］. 哈尔滨：哈尔滨工业大学出版社，2012.

［9］ 程磊. 例解装饰装修工程工程量清单计价［M］. 武汉：华中科技大学出版社，2010.

新书推荐

《装饰装修工程造价实例一本通》（第2版）　　张国栋 主编

　　本书主要内容为装饰装修工程造价实例，包括某大学新建综合实验楼工程和某厂房建筑装饰工程两部分内容，本书按照依据住房和城乡建设部新颁布的《房屋建筑与装饰工程工程量计算规范》（GB 50854—2013）及部分省、市定额相关计算规则，对每个实例的各分项工程的工程量计算方法均作了较详细的解答说明，且每个案例后均有工程量清单综合单价分析表，对每一小项又有清晰的解释。

　　书号：978-7-111-51261-5　　定价：42.00元

《装饰装修工程识图与预算快学一本通》（第2版）　本书编委会 编

　　本书以装饰装修工程预算为基础，分为建筑工程图纸的形成，建筑施工图识读，装饰装修工程预算概述，装饰装修工程定额，工程量清单计价，楼地面装饰工程实例详解与知识必备，墙、柱面装饰与隔断、幕墙工程实例详解与知识必备，天棚工程实例详解与知识必备，油漆、涂料、裱糊工程实例详解与知识必备，门窗工程实例详解与知识必备，其他装饰工程实例详解与知识必备，共11章。

　　书号：978-7-111-50874-8　　定价：36.80元

《图解装饰装修工程工程量清单计算手册》（第2版）　张国栋 主编

　　本书最大的特点是实际操作性强，便于读者解决实际工作中经常遇到的难点问题，提高工作效率。本书可供从事装饰装修工程造价的相关人员学习参考，也可作为高校工程造价及相关专业学生的参考书和"练习册"。

　　书号：978-7-111-50561-7　　定价：68.00元

《装饰装修工程造价员图表快速入门手册》　　本书编委会 编

　　本书以《建设工程工程量清单计价规范》（GB 50500—2013）、《房屋建筑与装饰工程工程量计算规范》（GB50854—2013）为依据，分为施工造价前的准备——基础知识、建设工程造价、建设工程清单计价、装饰装修工程计量与计价实务、造价管理、造价后调整和造价员资格考试介绍，共7章。

　　书号：978-7-111-49438-6　　定价：49.80元

亲爱的读者：

感谢您对机械工业出版社建筑分社的厚爱和支持！

联系方式：北京市百万庄大街22号机械工业出版社　建筑分社　收　邮编100037

电话：010—88379250　　E-mail：cmpjz2008@126.com

新书推荐

《装饰装修工程工程量清单计价实例详解》　　　巩晓东 主编

本书主要依据《建设工程工程量清单计价规范》(GB 50500—2013)、《房屋建筑与装饰工程工程量计算规范》(GB 50854—2013)等现行标准规范编写，内容包括装饰装修工程清单计价基础、建筑安装工程费用构成与计算、装饰装修建筑面积的计算与实例、装饰装修工程工程量清单计价与实例、装饰装修工程工程量清单计价编制实例。

书号：978-7-111-48485-1　　定价：33.00 元

《装饰装修工程预算一例通》（第 2 版）　　　本书编委会 编

本书以《建设工程工程量清单计价规范》(GB 50500—2013)、《房屋建筑与装饰工程工程量计算规范》(GB 50854—2013)为依据，以快速学会预算为主线，以一个例子说明预算过程。本书适用于建设工程造价人员、造价审核人员，也可供建筑工程工程量清单编制、投标报价编制的造价工程师、项目经理及相关业务人员参考使用，同时也可作为相关专业院校师生的参考用书。

书号：978-7-111-45099-3　定价：39.80 元

《看范例快速学预算之装饰装修工程预算》（第 3 版）　本书编委会 编

本书以《建设工程工程量清单计价规范》(GB 50500—2013)、《房屋建筑与装饰工程工程量计算规范》(GB 50854—2013)为依据，以快速学会预算为主线，分为装饰装修工程预算概述、装饰装修工程定额、工程量清单计价、装饰装修工程定额计价与工程量清单计价编制和装饰装修工程预算范例共 5 章。

书号：978-7-111-43959-2　　定价：48.00 元

《36 问与 10 例详解装饰装修工程造价》　　　张国栋 主编

本书按照《房屋建筑与装饰工程工程量计算规范》(GB 50854—2013)及《全国统一建筑装饰装修工程消耗量定额》，以 36 问与 10 例的形式，对装饰装修工程各分项及其工程量计算方法作了较详细的解答说明。本书将理论联系实际，切实帮助读者快速提高其实际操作和预算水平。

书号：978-7-111-44768-9　　定价：29.80 元